……… 法律トラブルを解決する ………

内容証明郵便の書き方とケース別文例 160

深井麻里
梅原ゆかり 編著

同文舘出版

はじめに

　私たちのまわりには、お金の貸し借りや商取引、雇用関係、離婚、相続、交通事故など、さまざまなトラブルの種が転がっています。このようなトラブルの解決方法の一つとして「内容証明郵便」というものがあることは、ご存じの方も多いでしょう。ただ、テレビやラジオの法律相談などで聞いたり、雑誌や小説で目にしたり、という形でその存在に触れることはあっても、実際に内容証明郵便を作成したり、受け取ったりする場面に遭遇したときにはとまどってしまうことも多いのではないでしょうか。

　また、内容証明郵便を出せば、すぐにトラブルを解決することができる、というように理解されている方もいるようですが、実は内容証明郵便は、効力としては一般の郵便物と何ら変わりありません。ただ、「こういう内容の郵便を、いつ誰に対して送付した」ということを郵便局が証明してくれるというサービスの一つにすぎないのです。相手に対する強制力もありませんし、文書内容の信憑性を証明してくれるわけでもありません。それどころか、使い方によっては新たなトラブルの火種にもなりかねないという側面もあります。

　そこで本書では、内容証明郵便とはどういうものかという基本的な部分から、書き方のルールと注意点、送付の方法、どのようなときに利用するとよいか、どのようなときには適さないのか、どんな効果があるのか、受け取ったときにはどのような対処をすればいいか、といった内容を詳しく説明し、内容証明郵便を上手に活用していただけるよう配慮いたしました。

　さらに、具体的な事例を想定した160の文例を掲載しましたので参考にしてください。

　本書を手にとられた皆様が、一日も早くトラブルから解放されますよう祈念しております。

平成17年3月

弁護士 深井麻里　弁護士 梅原ゆかり

内容証明郵便の書き方とケース別文例160
◎ もくじ ◎

はじめに

第 1 章
内容証明の基本を知っておこう

1 内容証明郵便とはこんなもの …………………………………10
2 内容証明のメリットとデメリット …………………………………13
3 内容証明はどのように書けばよいのか …………………………16
4 差出時の注意点について …………………………………19
5 内容証明を出した後に起こる問題点について ……………24
6 内容証明を受け取ったら …………………………………29
7 電子内容証明について …………………………………30

第 2 章
契約・商取引にまつわる基本文例

001 商品の引渡しを遅滞している売主に対して、
　　買主が商品の引渡請求をする………………………………34
002 期限内に売主からの引渡しがなければ
　　買主が無催告解除する旨の通知………………………………35
003 売主からの代金請求に対して、
　　買主が商品と引換えに代金を支払う旨の回答をする………36
004 引き渡された商品に欠陥がある場合に、
　　買主が売主に対して商品の取替請求をする………………37
005 売主からの商品交換・修理請求を買主が拒絶する ………38
006 買主が強迫を理由として行なう売主への意思表示の取消通知 ……39
007 買主が錯誤を理由として売主に受領拒絶と代金返還を通知する ……40
008 リース期間の途中で、リース会社がリース料金不払いを
　　理由に契約の解除と料金支払請求をする………………41
009 注文主が請負人に対して行なう請負契約の解除通知 ……42
010 注文者の債務不履行を理由に、
　　請負人が注文主に対して行なう請負契約の解除通知………43

- 011 完成建物に欠陥がある場合に、
注文主が請負人に対して行なう欠陥の補修工事請求……………44
- 012 受任者が委任者に費用と報酬を請求する ……………………45
- 013 貸主が借主に使用貸借に基づいて機械の返還請求をする ………46

第 3 章
担保・保証・回収にまつわる基本文例

- 014 売主が買主に売買代金を請求する ………………………………48
- 015 取引先に売掛金回収と既引渡商品の回収を請求する …………49
- 016 債権者が売掛金債権を放棄する場合（債務免除）の通知 ………50
- 017 手形所持人から裏書人に対して行なう不渡通知と遡求 …………51
- 018 裏書人が直前の裏書人に不渡通知をする ………………………52
- 019 貸金返済請求をする①（返済日の定めがある場合）……………53
- 020 貸金返済請求をする②（返済日の定めのない場合）……………54
- 021 時効により消滅した債権の支払いを拒絶する …………………55
- 022 時効消滅を主張する債務者に対して、
債権者が時効中断を主張する…………………………………………56
- 023 債権者が連帯保証人に保証意思を確認する ……………………57
- 024 債権者が連帯保証人に支払請求をする …………………………58
- 025 連帯保証人が債権者に対して保証債務の履行を拒絶する場合 ……59
- 026 連帯保証人が他の連帯保証人に負担部分の支払いを求める ………60
- 027 期限の利益の喪失により、分割債務の支払いを求める …………62
- 028 借主の相続人に対する貸金返還請求をする ……………………63
- 029 債権者の相続人が債務者に債権を相続したことを通知する ……64
- 030 債権を第三者に譲渡した場合の譲渡人から債務者への通知 ………65
- 031 返済されない売買代金債権と貸付債権を相殺する場合の通知 ……66
- 032 不動産の売主が代金全額を払わない
買主からの明渡請求を拒絶する……………………………………68
- 033 担保権者が返済期に履行できなかった債務者に
仮登記担保の実行通知をする………………………………………69
- 034 先順位担保権者が仮登記担保を
実行する場合にする後順位担保権者への通知………………………71

第 4 章
会社経営にまつわる基本文例

- 035 払込みをしない株式引受人に、発起人が株金払込請求をする ………74
- 036 発起人の任務懈怠について、株主が発起人に損害賠償請求をする …75
- 037 株主が会社に対して株券の発行請求をする …………………………77
- 038 株主が会社に対して株券不所持の申出をする ………………………78
- 039 株主が会社に取得株式の名義書換請求をする ………………………79
- 040 株主が会社に対して株式譲渡の承認請求をする ……………………80
- 041 会社から株主にする株式譲渡の申出に対する回答 …………………81
- 042 譲渡の相手方に指定された者が、会社に株式売渡請求をする ………82
- 043 株主が株主総会招集を請求する ………………………………………83
- 044 株主が株主総会に総会議題の提案をする ……………………………84
- 045 株主が会社に帳簿閲覧請求をする ……………………………………85
- 046 株主から帳簿閲覧請求をされた会社側からの回答 …………………86
- 047 株主・債権者から取締役会議事録の閲覧請求をされた会社の回答 ……………………………………………………87
- 048 取締役が会社に辞任届を通知する ……………………………………88
- 049 会社が取締役を解任する場合の通知 …………………………………89
- 050 株主が会社に対して、取締役への訴訟を要請する …………………90
- 051 株主が取締役に対して違法行為の差止めを請求する ………………92
- 052 株主が総会屋に利益供与した取締役に対して、会社への損害賠償を請求する………………………………………93
- 053 会社債権者が取締役に損害賠償請求をする …………………………94
- 054 会社が会社債権者に対し、合併に対する異議申述を催告する ………95
- 055 合併に反対する会社債権者が、会社に異議を申述する ……………96

第 5 章
知的財産権侵害にまつわる基本文例

- 056 類似商号を使用した者に商号使用差止請求をする …………………98
- 057 相手の主張する類似商号にあたらない旨の回答 ……………………99
- 058 自社の特許権を侵害する行為の中止を求める ………………………100

| 059 | 自社の持つ実用新案権の侵害に対する警告をする ……………… 101
| 060 | 実用新案権侵害にはあたらない旨の回答 ……………………… 102
| 061 | 出版社に著作権侵害に基づく謝罪広告と慰謝料請求をする … 103
| 062 | 著作権侵害を通告してきた相手への出版社側からの回答 …… 104

第 6 章
雇用・労働関係にまつわる基本文例

| 063 | 採用内定取消に対して抗議する ………………………………… 106
| 064 | 身元保証人に責任が及ぶおそれのある場合に、
　　　会社が身元保証人に対してする通知 …………………………… 107
| 065 | 従業員の非行行為を理由に、
　　　身元保証人が身元保証契約を解除する通知 ………………… 108
| 066 | 会社が従業員を懲戒解雇する …………………………………… 109
| 067 | 解雇された者が会社に対して解雇無効の抗議をする ………… 110
| 068 | 会社から従業員への整理解雇通知 ……………………………… 111
| 069 | 組合員が労働組合に脱退通知をする …………………………… 112
| 070 | 従業員が会社に対して未払賃金請求をする …………………… 113
| 071 | 過労死した従業員の家族が、会社に損害賠償請求をする …… 114
| 072 | セクハラについて、
　　　被害者が会社と加害者に対して損害賠償請求をする ……… 116
| 073 | 派遣会社が派遣先企業に対して派遣契約を解除する ………… 118

第 7 章
不動産売買にまつわる基本文例

| 074 | 借地権の買受人から地主への建物買取請求 …………………… 120
| 075 | 売主が買主に不動産売買の代金を請求する …………………… 121
| 076 | 不動産売買の代金請求と解除通知 ……………………………… 123
| 077 | 買主が手付金を放棄して契約を解除する場合 ………………… 124
| 078 | 売主が手付金を倍返しして契約を解除する場合 ……………… 125
| 079 | 買主が売主に対して、登記に必要な書類の交付を請求する … 126
| 080 | 買主が売主に対して登記手続きへの協力と解除予告を通知する … 128
| 081 | 買主が詐欺を理由に不動産売買契約を取り消す ……………… 129

082	買主が数量不足を理由に代金減額を請求する ……………………… 130
083	買主が不動産の瑕疵（欠陥）を理由に契約を解除する …………… 132
084	売却の仲介を依頼した不動産業者との契約を解除する …………… 134

第 8 章
借地借家にまつわる基本文例

085	地主が借地人に賃料の増額を請求する ……………………………… 136
086	地主が借地人に賃料の滞納分を請求する …………………………… 137
087	地主が借地人の賃料滞納を理由に契約を解除する ………………… 138
088	借地人が供託した賃料を地主が受け取る場合 ……………………… 139
089	地主が契約更新を拒絶して明渡しを請求する ……………………… 140
090	地主の更新拒絶に対して契約の継続を求める場合 ………………… 141
091	借地人が地主に契約更新を請求する ………………………………… 142
092	地主が借地人に対して期間満了による土地の明渡しを請求する …… 143
093	借地人が地主からの明渡請求に対して契約の継続を請求する …… 144
094	借地権が更新されない場合の地主に対する建物買取請求 ………… 145
095	借地人が地主に対して借地条件の変更を求める場合 ……………… 146
096	借地人からなされた借地条件変更の申入れを拒絶する場合 ……… 147
097	借地人が地主に増改築工事を申し入れる …………………………… 148
098	地主が借地人に増改築工事の停止を申し入れる ………………… 149
099	地主が借地人の無断増改築を理由に契約を解除する ……………… 150
100	借地人が地主に対して借地権譲渡についての承諾を求める ……… 151
101	地主が借地権の無断譲渡を理由に契約を解除する ………………… 152
102	家主が借家人に家賃の滞納分を請求する …………………………… 153
103	家主が借家人に賃料増額を請求する ………………………………… 154
104	家主からの賃料増額請求を拒絶する ………………………………… 155
105	借家人が供託した賃料を家主が受け取る場合 ……………………… 156
106	家主が借家人の賃料滞納を理由に契約を解除する ………………… 157
107	期間の定めのない賃貸借契約で、借家人が家主に解約を申し入れる ……………………………… 158
108	期間満了にともない家主が契約の更新を拒絶する ………………… 159

109	家主から更新を拒絶された借家人が契約の更新を求める場合	160
110	家主が期間満了を理由に借家人に明渡しを請求する	161
111	借家人が家主に雨漏りの修繕を請求する	162
112	借家人が自分で雨漏りの修繕をする旨を通知する	163
113	借家人が家主に造作買取請求をする	164
114	家主が借家人からの造作買取請求を拒絶する場合	165
115	借家人が無断で増築した部分を撤去するよう請求する	166
116	無断増改築部分を撤去しない借家人に契約解除を通知する	167
117	借家人が家主に修繕費を請求する	168
118	借家の明渡後に敷金の返還を請求する	169
119	借家人が家主に賃借権譲渡について承諾を求める	170
120	家主が賃借権の譲渡を承諾する場合	171
121	家主が賃借権の無断譲渡を理由に契約を解除する	172
122	家主が借家人に迷惑行為の禁止を申し入れる	173
123	家主が借家人にペットの飼育をやめさせる	174
124	家主が替わったことを旧家主から賃借人に通知する	175
125	相続によって家主が替わったことを賃借人に通知する	176

第 9 章
個人生活・悪質商法にまつわる基本文例

126	婚約を破棄されたので結納金の返還を請求する	178
127	婚約を破棄されたので慰謝料を請求する	179
128	別居している配偶者に協議離婚を申し入れる	180
129	夫の不倫相手に交際の中止を求める	181
130	母親が父親に子供の認知を請求する	182
131	親権者が子の引渡しを請求する	183
132	元夫に対して子供の養育費を請求する	184
133	相続人の一人が他の相続人に遺産分割協議を申し入れる	185
134	詐欺を理由に訪問販売契約の取消しをする	186
135	キャッチセールスによる購入の申込みを撤回する	187
136	クーリング・オフでエステ契約を解除する	188

137	商品の引渡しがないことを理由に割賦販売代金の支払いを拒絶する	189
138	買主が欠陥商品の修理・交換を請求する	190
139	買主が目的物の瑕疵（欠陥）を理由に契約を解除する	191
140	送り付け商法の相手に商品の引取りを請求する	192
141	利息制限法の制限利率を超える支払分について返還を請求する	193
142	クーリング・オフでマルチ商法による契約を解除する	194
143	詐欺を理由に商品の購入契約を取り消す場合	195
144	詐欺を理由に内職商法による契約を取り消す場合	196

第 10 章
交通事故・近隣トラブルにまつわる基本文例

145	交通事故の被害者が加害者に損害賠償を請求する	198
146	交通事故の被害者が運行供用者に損害賠償を請求する	199
147	交通事故の被害者が加害者の使用者に損害賠償を請求する	200
148	示談後に発生した後遺症について加害者に話し合いを求める	201
149	製造物責任に基づく損害賠償を請求する	202
150	メーカーが製造物責任を否定する場合	203
151	隣接する飲食店に騒音の防止を要求する	204
152	日照妨害を理由に損害賠償を請求する	205
153	他人から根拠のない噂を立てられていることに中止を求める請求	206
154	看板の落下事故による損害賠償を請求する	207
155	ビル建設工事の中止と騒音・振動被害に対する損害賠償を請求する	208
156	迷惑駐車の中止を請求する	209
157	境界を越えて伸びてきた枝の切り取りを請求する	210
158	マンションの区分所有者に管理費の滞納分を請求する	211
159	加害者の親にいじめの防止を求める	212
160	医療過誤に対して病院に損害賠償を請求する	213

装丁●e-cyber
ＤＴＰ●ムーブ（大塚智佳子）

第1章

内容証明の基本を知っておこう

1 内容証明郵便とはこんなもの

■内容証明郵便とは何か

　郵便物を送るとき、「誰に、いつ、どんな文書を送ったか」ということが重要になる場合があります。しかし、差出人が自ら文書をコピーして保管しておいても、その文書を相手に送ったという明確な証拠にはなりません。郵便物が配達までの過程で紛失してしまったり、差出人が送るべき文書を間違えたりする可能性がないとはいえないからです。

　また、差出日をメモしておいたり、郵便物にきちんと日付入りの消印が押されていたとしても、その日に出したという証拠として認められるのは難しいでしょう。受け取るべき相手が、「そんな文書は受け取った覚えがない」「その日には届かなかった」などと言えば、たとえそれがウソだったとしても、差出人にはウソであることを証明する手立てがないからです。このようなときに効力を発揮するのが、「内容証明郵便」というサービスです。

　「内容証明」は、日本郵政公社が取り扱っている特殊郵便の一種です。内容証明とする郵便物を受け付けると、日本郵政公社は証明印（受け付けた郵便局の局長名の印）を押し、文書の内容と差出年月日を証明してくれます。通常は、1〜5日程度で受取人に届けられますが、速達で送ることもできます。

　内容証明は、郵便法という法律に基づいて行なわれるサービスです。万一裁判などで文書の送付に関する証明が必要になった場合には、有力な証拠として扱われます。

■内容証明にはどんな効力があるのか

　内容証明を利用すると、「誰が、誰に対し、いつ、どんな内容の郵便物を送った」ということを証明することができます。たとえば、悪

質な業者に本意ではない契約を強要されたので、契約を解除したいという場合や、まもなく時効（55ページ）を迎える債権を持っていて、時効を中断させたいという場合など、「いつ、どんな意思表示をしたか」によってその後の結果が変わってくるような問題を抱えているのであれば、ぜひ利用すべきです。

　ただ、内容証明で送付する文書には、作成する形式さえ整っていれば何を書いてもよいことになっているため、郵便局では、内容の真偽については関知しません。文書の内容が真実と異なるものであっても、「文書を送付した」という事実については証明してくれるわけです。したがって、文書の内容について裁判で争いになった場合は、何の証拠にもなりません。この意味では、内容証明で送付した文書も、通常の郵便で送った文書も同じ効力しか持たないことになります。

　また、内容証明で送付したからといって、その文書が公的な強制力を持つわけではありません。内容証明を受け取った相手は、その文書に対して返信をしたり、裁判などの法的な措置を講ずる義務はないわけです。

　ただ、内容証明はそれなりの形式を備えた厳格な仕様になっていますから、相手に対して差出人の強い意思を伝え、精神的なプレッシャーを与える、という効果は期待できます。ですから、たとえば交通事故の被害者が、誠意を見せない加害者に対して損害賠償を請求したいという場合や、労働者が雇い主に対して不当な解雇を撤回してほしい、というような場合などには上手に利用するといいでしょう。

■内容証明は配達証明付きにする

　内容証明は、必ず書留郵便（書留郵便には一般書留と簡易書留があるが、内容証明は一般書留で取り扱われる）として送ることになっていますが、そのままでは相手に届いたかどうかが差出人にはわかりません。

　そこで、「配達証明」を利用するのが一般的です。「書留」とは、郵便局が預かった郵便物がどこをどう通って受取人のもとに届いたか、その流れを記録しておくものです。

　最終的には、受取人に受領印をもらうことで配達が完了します。書

留郵便であれば、現在どこに郵便物があるのかを調べることも可能ですし（インターネットの郵便追跡サービスの利用などによる。http://www.post.japanpost.jp/tsuiseki/index.html）、もし、郵便局の管理下にあるときに郵便物がなくなった場合は、差出人は郵便局に対して損害賠償を請求することもできます。

　しかし、書留で内容証明を送ったとしても、中には勝手に文書を破棄して「そんな文書は受け取っていない」と知らないふりをする悪質な受取人がいるかもしれません。そこで、さらに「配達証明」を付けることで効果を確実にしておくわけです。

　「配達証明」は、郵便局が受取人に確実に郵便物を配達したということを、差出人に対して知らせてくれるものです。連絡には、ハガキが使用されます。このハガキには、配達した年月日などが記載されていますから、文書が送付された事実を証明する有力な証拠とすることができます。

　なお、書留郵便を送付した時点では配達証明を付けていなくても、送付した日から1年以内であれば、証明を請求することができます（この場合、別途料金が必要）。

　本書では、内容証明に配達証明を付けて利用するものとして、以降の説明を続けていきます。

◆郵便物配達証明書

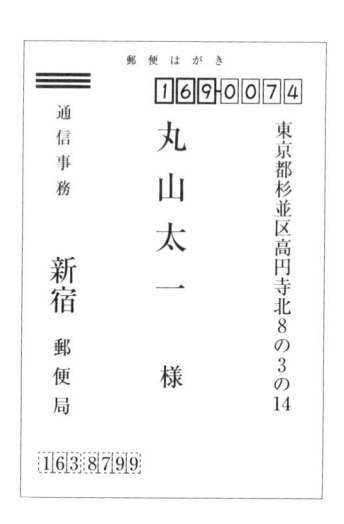

2 内容証明のメリットとデメリット

■内容証明の利用にあたって

　内容証明は、公的な証拠としてさまざまな効果が期待できる反面、使い方を誤るとかえって差出人に不利な状況を作り出してしまうという危険性を持っています。内容証明を利用するにあたっては、「何を目的に利用するのか」「いつ利用すれば最大の効果が得られるのか」、「利用することによるメリットとデメリットは何か」ということをよく理解しておいてください。

■内容証明のメリット

　内容証明のメリットには、以下のようなものがあります。

①文書の送付について第三者の証明が得られる

　内容証明を利用するときには、同じ文書を3通用意します。1通は差出人の保管用、1通は郵便局の保管用、もう1通は相手方に送付するためのものです。郵便局では、3通の文書の内容を確認した上で差出年月日の入った証明印を押し、文書の送付を証明してくれます。これにより、もし相手方が「差出人の言う文書を見た覚えはない」などと言ったとしても、郵便局に行けば簡単に確認することができるようになります。郵便局という第三者の証明ですから、訴訟などでも有力な証拠として扱われます。

②相手に心理的な圧力をかけることができる

　相手に対し何らかの意思表示を行なう場合、内容証明以外にも方法があります。しかし、あえて内容証明という方法を選ぶことによって、差出人がいかに真剣にその意思表示を行なっているかということを伝えることができます。

　また、文書の書き方によっては、「裁判をも辞さない」という覚悟を伝えることもできますから、相手に対して相当な心理的圧力を加え

ることができます。なかなか進展しない交渉事を進めるきっかけとしては、電話や普通の手紙などよりも効果的でしょう。

③訴訟になった場合に備えて有力な証拠を作ることができる

たとえば、債権の消滅時効を中断させるために支払いを催促するなどがあります（6か月以内に裁判所に債権の支払いを求めて訴えを提起することが必要です）。

しかし、口頭や普通の手紙で催促しただけでは明確な証拠が残らず、裁判などで認められることが難しくなります。このようなときに内容証明を利用しておけば、効果的な証拠を残すことができます。

■内容証明のデメリット

内容証明のデメリットとしては、以下のようなことが挙げられます。

①文書の作成にあたって制約がある

内容証明で送付する文書は、内容的には何を書いてもよいとされています。ただし、1枚の用紙に520文字以内という字数の制限など、決められた形式を守って作成しなければなりません。

また、文書は原則として日本語だけで作成することとされています。形式に合わない文書は受け付けてもらえませんので注意しましょう。

②送付できるのは文書だけ

内容証明で送付することができるのは、決められた形式に沿って作成された文書だけです。文書の内容を補足する地図や表などがあっても同封することはできませんから、どうしても送りたい場合は別便で送るようにしましょう。

③一度送付すると撤回できない

作成した文書を内容証明郵便で送り、それが一度相手に届いてしまうと、その文書を手元に取り戻すことはまずできません。ですから、文書の作成は慎重に行なうようにしましょう。表現によっては相手に脅迫と受け取られ、差出人が脅迫文書を出した、という公的な証拠を与えることにもなりかねないからです。

また、請求相手を間違えたり、内容に誤りがあると（請求の根拠となる事柄の発生年月日を間違える、請求の金額を間違えるなど）本来の効果が得られないばかりか、相手につけいるスキを与えることにも

なってしまいます。

◆どんな場合に内容証明郵便を出すとよいか

①契約の解除や申込の撤回（クーリング・オフ）をする場合

　クーリング・オフとは、法定の期間内であれば無条件に契約を解消できるとする制度です。訪問販売や割賦販売などで、消費者を保護するために認められています。クーリング・オフでは日付が法定の期間内かどうかが重要ですから、後で証拠となるように内容証明郵便で通知するとよいでしょう。

②債権の時効消滅や時効中断を主張する場合

　債権者が一定期間、権利を行使しない場合、時効によって権利が消滅してしまいます（消滅時効）。この場合、債務者は内容証明郵便で時効による債権の消滅を主張し、債務を免れることができます。
　一方、債権者としては、債務者に内容証明郵便で支払いを催告することによって、時効の進行を中断させることができます。

③債権譲渡の通知・承諾

　債権を譲渡した場合には、譲渡人（債権者）が債務者に譲渡の事実を通知するか、または債務者が承諾する必要があります。この通知または承諾が確定日付のある証書によってなされなければ、譲渡人は債権を譲渡したことを第三者に主張することはできません。そこで、内容証明郵便によって通知・承諾が行なわれます。

④損害賠償を請求する場合

　相手方の契約違反や不法行為によって損害が発生した場合、債権者あるいは被害者は損害賠償を請求することができます。支払いを怠っている相手方に対しては、心理的プレッシャーを与える意味でも、内容証明郵便による催促が効果的です。

3 内容証明はどのように書けばよいのか

■内容証明で送ることができる文書の形式

　内容証明で送付する文書を作成するときには、まず用紙を準備します。用紙はとくに指定されていませんので、作成する方法（手書き、ワープロ・パソコンなど）や文書の内容によって都合のいい用紙を選んでください。市販されている内容証明用の原稿用紙には、決められた字数と行数に合わせたマス目が入っていますから、手書きで文書を作成するときには便利です。ワープロやパソコンを使用する場合は、プリンターの機能によっても異なりますが、A4判、B5判、B4判（二つ折り）の普通紙を使うことが多いようです。

　文書を作成する際には、①1ページに書ける字数・行数、②使用できる文字、③文書の訂正方法、に注意してください。

①1ページに書ける字数・行数

　文書1ページに記載できる文字数は、520文字以内と決まっています。句読点やカッコなどの記号も、原則として1文字として数えます。

　文書は、縦書き・横書きいずれでもかまいませんが、それぞれによって行数と1行ごとの字数が決まっています。

・縦書きの場合

　1行20字以内、1ページ26行以内で文書を作成します。

・横書きの場合

　(a) 1行20字以内、1ページ26行以内
　(b) 1行13字以内、1ページ40行以内
　(c) 1行26字以内、1ページ20行以内

以上の3種類の中から、使いやすいものを選択します。

　なお、文書は何枚にわたって作成してもかまいませんが、1枚追加するごとに料金が加算されます。

②使用できる文字

内容証明郵便で送付することができるのは、原則として日本語で書かれた文書です。使用できる文字は、「ひらがな」「カタカナ」「漢字」「算用数字（1、2、3…）」「漢数字（一、二、三…、壱、弐、参…）」「一般的な記号（句読点、カッコ、単位記号など）」です。固有名詞（人名や地名など）については、英字を使用することも認められています。

なお、一般的な記号であるかどうかについての基準は明確になっていません。自分たちの会社では日常的に使っている記号でも、社会一般ではあまり使わないというものもありますので、ちょっと特殊かな、と思われる記号については使わないほうが無難でしょう。また、記号は1個につき1字として数えますが（始めかっこ、終わりかっこはまとめて1字として数えます）、文章の中で順序を示すために記号と数字を組み合わせて使っている場合には、全部含めて1字（たとえば①や(2)）として数えます。

③文書の訂正方法

やむを得ず、作成した文書の誤りを訂正したいという場合は、次のような決まりに従って訂正します。

(a) 文書の一部を削除・訂正する場合は、元に何が書かれていたかがわかるように消すこと。消したい箇所の上に二本線を引くのが一般的です。

(b) 欄外または文末の余白にどのような訂正を施したかを記入し、署名に使ったものと同じ印を押すこと。差出人以外の人が書き換えることができないよう、漢数字を使って「〇行目壱字削除」「〇行目弐字訂正」「〇行目参字挿入」などと記入することが多いようです。

なお、訂正を施した場合でも、1ページに記載できる文字数（520字以内）は変わりません。文字数を超えた場合は2ページ分として扱われますので注意が必要です。

このように、文書の訂正には手間もかかりますし、余計な誤解を招くおそれもありますので、可能であれば最初から書き直すことをおすすめします。

■内容証明で送る文書の中身

　内容証明で送る文書の中身は何を書いてもかまわないとはいえ、だらだらと言葉を並べるよりも主旨を正確かつ簡潔に書くべきでしょう。ここでは、一般的に書かれている内容について説明します。

①標題

　標題とは、文書の冒頭につけるいわゆるタイトルのことです。たとえば、「請求書」「通知書」などのように、文書の内容を短く表わす一文のことを指します。内容証明で送付する文書は、何らかの目的を持って作成されることが多いので、一目でその内容がわかる標題をつけておくべきです。

②前文・後文

　基本的には、本題と関係のない文章は省略しても問題はありません。ただ、相手との関係によっては、本題に入る前に時候のあいさつを入れたり、文末に結び文句をつけるなどしておいたほうが、印象が柔らかくなるという効果があります。

③本文

　文書の中で一番重要な部分です。必要な事項をはっきりと、確実に相手に伝わるような表現を選んで書くようにしましょう。

　また、一度送ってしまうと撤回はできませんし、トラブルの元になるかもしれませんので、金額や年月日、事実関係の書き間違いには十分気をつけて作成しましょう。

④差出人・受取人

　内容証明を出した人（差出人）と相手（受取人）を特定できるように記載します。通常は住所（法人や団体の場合は本店・本部の所在地）と氏名（会社などの法人・団体の場合は法人名・団体名と、できれば代表者の氏名）を記載し、差出人欄に押印します。このときの印鑑は認印でもかまいません。

　また、差出人が弁護士などの代理人である場合は、代理人の住所・氏名を記載します。

⑤差出年月日

　文書の差出年月日を明確にしておきます。

4 差出時の注意点について

■注意しなければならないことは何か
①文書の最後に、年月日・差出人・受取人を記載すること
　文書の最後には、差出年月日、差出人の住所・氏名、受取人の住所・氏名を記載しておきます。
　差出人の氏名の後（横書きの場合は氏名の右、縦書きの場合は氏名の下）に押印をします。外国人などで印鑑を持っていない場合は、サインでもよいことになっています。
　差出人・受取人の住所・氏名は、封筒に記載するのと同じ内容で記載します。
　また、受取人が法人や団体の場合、代表者の氏名も書いておいたほうがいいでしょう。ただ、代表者名がよくわからない場合には、「○○株式会社　御中」というように書いておくと、代表者あてに送られたものと判断してもらえます。

②文書が複数枚にわたるときの取扱い
　文書の内容が長くなり、用紙が複数枚になることがあります。この場合、ホチキスなどで綴じて綴り目にまたがるように印（契印という）を押します。
　こうすることによって、差出人に無断で用紙の挿入や差替えがなされるのを防ぐことができます。

③印鑑は同じものを
　文書の中では、署名の後の押印のほか、契印や訂正印などとして印鑑が必要になります。使用する印鑑は認印でかまいませんが、すべて署名の後の押印と同じものに統一するようにしましょう。

④封筒は閉じないで持参する
　内容証明を送付するときは、封筒に確実に該当文書が入っているということを確認してもらわなければなりません。このため、郵便局の

職員の目の前で封筒に文書を入れ、封かんをすることになっていますので、封筒は開けたまま持参してください。

⑤取扱郵便局であるかどうかを確認する

　内容証明の取扱いができるのは、集配郵便局（郵便物をポストから回収し、配達を行なう局）と公社が別に定める一部の郵便局だけとされています。一般に本局と呼ばれている局であれば、取扱いが行なわれているはずですが、できれば事前に電話などで確認しておいたほうがいいでしょう。

⑥配達証明を忘れずに

　内容証明は必ず「一般書留」で扱われますが、「配達証明」は依頼しないとつけてくれません。内容証明の効果を確実にするために、忘れずに依頼するようにしてください。

■提出時に持参するもの

　内容証明を利用する際に郵便局に持参するものは、①文書、②封筒、③印鑑、④料金、です。

①文書

　文書は、相手方に送付するもの（正本）のほかに、郵便局保管用と差出人保管用（謄本）が必要になります。送付する相手が1人であれば計3通（差出人が複数で、それぞれが文書を保管するのであればその人数分追加）、同じものを用意しましょう。文書を複写する方法としては、手書き、カーボン紙の利用、ワープロやパソコンの利用、コピー機の利用などがあります。内容が1字でも違っていれば別の文書として扱われますので注意してください。

　なお、文書を訂正した場合、印鑑はそれぞれの用紙に押してください。コピーで印影が写っているだけでは認められません。

　同じ内容の文書を複数の相手に送りたい場合は、「同文内容証明」を使うことができます。それぞれの受取人に別々に内容証明を送るよりも費用が安くすみます（2人目以降の内容証明料は半額）。

　同文内容証明には、(a) 完全同文内容証明と (b) 不完全同文内容証明があります。

(a) 完全同文内容証明

　完全同文内容証明は、本文の内容はもちろん、受取人の住所・氏名も含めてすべて同じである文書を、内容証明で出すことをいいます。

　この場合、受取人全員の住所・氏名を文末に記載することになりますので、相手は自分以外の誰に同じ内容証明が送られたかを知ることができます。他の誰に内容証明を出したかということを相手に知られてもかまわない、またはあえて知らせたいという場合には、この方法を利用するといいでしょう。

　完全同文内容証明を出すときは、差出人・郵便局の保管用に加えて、受取人の人数分の同一文書を用意して郵便局に持参してください。

(b) 不完全同文内容証明

　本文の内容は同じですが、受取人の住所・氏名の部分が、それぞれの受取人ごとに違っている文書を、内容証明で出すことをいいます。

　たとえば、A、Bという2人に対して内容証明を出す場合、Aの受け取る文書の受取人欄にはAの住所・氏名だけ、Bの文書にはBの住所・氏名だけが記載されているわけです。ただし、差出人と郵便局が保管する文書の最後には、A、B双方の住所氏名が連記されていなければなりません。

　つまり、郵便局には受取人全員が連記された文書2通（郵便局保管用と差出人保管用）と、それぞれの受取人の住所氏名が書かれた文書を、人数分持参しなければならないということです。

　受取人に、他の人にも同じ内容証明を送ったということを知られたくない場合は、この方法を利用するとよいでしょう。

②封筒

　封筒はとくに決まったものはありません。受取人の人数分、適当な封筒を用意してください。表面には受取人の住所・氏名、裏面には差出人の住所・氏名を記載します。

　このとき、住所氏名の表記は、文書の最後に書いたものと統一（文書内の住所に「一番二号」などと書いた場合は、封筒にも同じように書く）しておきます。

③印鑑

　念のため、差出人の署名の後に押印したものと同じ印鑑を持参しま

しょう。字数・行数の不備や書き間違いが見つかって、訂正印が必要になる場合があります。

④料金

内容証明を郵便物として差し出すための料金の内訳は、郵便料金（80円～、封筒の形や重量による）、書留料（420円）と内容証明料となります。これに、配達証明を付けると配達証明料300円（郵便物の差出後に配達証明を請求する場合は420円）が、速達にすると速達料270円が加わります。

内容証明料金は、文書1枚目は420円、2枚目以降は、1枚につき250円ずつ加算されていきます。同文内容証明を送る場合は、2人目以降の分は半額ですみます。

なお内容証明料金は、料金分の切手を買い、郵便局保管用の謄本の余白（末尾の上のほう）に貼るという形で支払います。郵便料金や書留料金分は、通常どおり封筒に切手を貼ります。

■郵便局での内容証明の手続きの流れ

郵便局で内容証明の取扱いを頼むと、まず文書の確認がなされます。確認のポイントは、①文書が必要通数分あるかどうか、②郵便局保管用の謄本に料金分の切手が貼られているか、③文書の形式（字数、行数、使用している文字など）が正しいかどうか、④郵便局保管用、差出人保管用、送付する文書がすべて同じ内容かどうか、⑤差出年月日が書かれているか、です。

確認ができると、郵便局の職員が文書に、内容証明として受け付けたことを示す郵便局長印を押していきます。このとき、一緒に通信日付印が押されます。通信日付印は、文書の訂正箇所や、2枚以上の文書を送るときの契印にも押されます。

作業が終わると、郵便局の職員から差出人に、送付用文書と封筒が戻されます。差出人は、郵便局の職員の目の前で文書を封筒に入れ、封かんをしなければなりません。

送付する準備のできた封筒を郵便局の職員に渡すと、今度は差出人が保管する謄本と引受番号の記載された書留郵便物受領証（25ページ）が渡されます。郵便局長印の入った謄本は、内容証明郵便を出したこ

とを示す証拠になりますし、受領書は謄本を閲覧するときなどに必要ですから、大切に保管してください。

■代理人が内容証明を出すとき

　内容証明は、本人が郵便局に出向かなくても他の人が手続きをすれば出すことができます。

　また、文書の作成は、弁護士のほか、司法書士や行政書士などに依頼することもできます。このとき、一切の交渉について代理人に依頼するのであれば、文書を作成したのは誰で、誰の代理人であるかということがわかるように、代理人の住所・氏名を記載しなければなりません。

　依頼するのが文書の作成だけで、その他の交渉事などについては本人が行なうという場合には、本人名で内容証明を出すことになります。

◆内容証明郵便の出し方

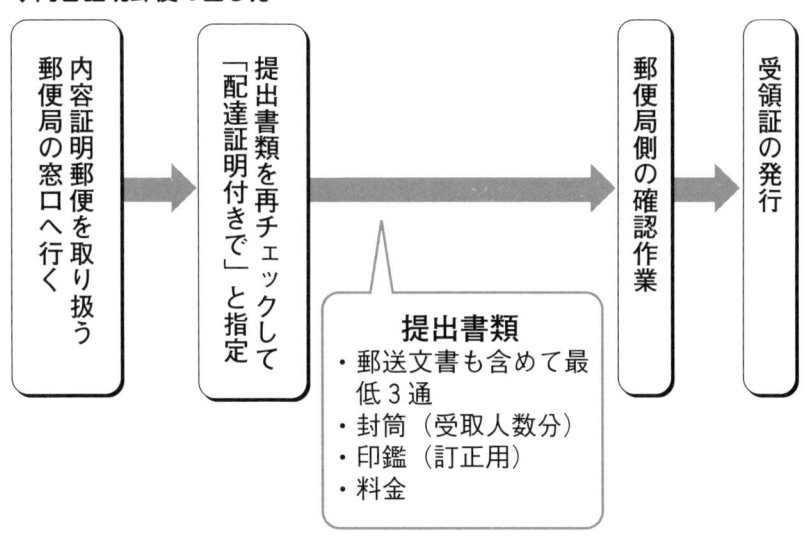

内容証明郵便を取り扱う郵便局の窓口へ行く → 提出書類を再チェックして「配達証明付きで」と指定 → 郵便局側の確認作業 → 受領証の発行

提出書類
・郵送文書も含めて最低3通
・封筒（受取人数分）
・印鑑（訂正用）
・料金

5 内容証明を出した後に起こる問題点について

■保管していた謄本を紛失してしまった

　内容証明で送った文書の謄本は、差出人と手続きを行なった郵便局で保管しますが、何らかの事情で、差出人が保管していた謄本をなくしてしまうこともありえます。このような場合は、一定の条件を満たせば、郵便局で再度証明をしてもらうことができます。

①期間

　再度証明を受けるためには、郵便局に該当の謄本が保管してあることが条件になります。郵便局は、内容証明を受け付けた日から5年間、謄本を保管していますので、その期間内であれば再度証明を受けることができます。

②持参するもの

　再度証明を請求することができるのは、差出人だけです。差出人は、内容証明を出した時に発行された「書留郵便物受領証」と、紛失した謄本と同一の文書を郵便局の窓口に提出する必要があります。ワープロやパソコンで文書を作成したのであれば、前のデータが残っている可能性もありますが、手書きの場合は予備の文書なども残っていないかもしれません。ですから、まず郵便局で保管されている謄本の閲覧を請求してください。閲覧を請求する際にも、受領証を提示することが必要です。文書を閲覧して別紙に書き写せば、再度証明を請求するために必要な「同一の文書」を用意することができるわけです。

　用意した文書に、内容証明を受けたことを示す印を押してもらえば、再度証明は完了です。

③料金

　再度証明を受けるためには、内容証明料金をあらためて支払わなければなりません。料金は、1度目と同じく1枚目が420円、2枚目以降は1枚ごとに250円ずつ追加となります。なお、閲覧には別途420円

がかかります。

■相手方にきちんと届かなかったとき

　郵便物は、相手に確実に届かなければ効力を発揮することができません。内容証明は書留で届けられますから、途中で紛失するようなことはそうそうありませんし、もし紛失した場合でも郵便局に損害賠償を請求することができます。

　しかし、紛失以外にも内容証明が相手にきちんと届かないことがあります。①受取人が留守だった場合、②受取人が受取りを拒否した場合、③宛先に受取人がいなかった場合、です。

①受取人が留守だった場合

　書留の場合、郵便物をただ郵便受けに入れるだけでなく、相手に直接手渡し、受領印をもらうことではじめて配達が完了します。受取人本人が留守でも、家族や社員など本人の代わりになる人が受領印を押してくれれば、本人に到達したものとして扱われます。

　しかし、届けても誰にも渡せなかったというときは、郵便局の職員がいったん、郵便局に郵便物を持ち帰ります。

◆書留郵便物受領証

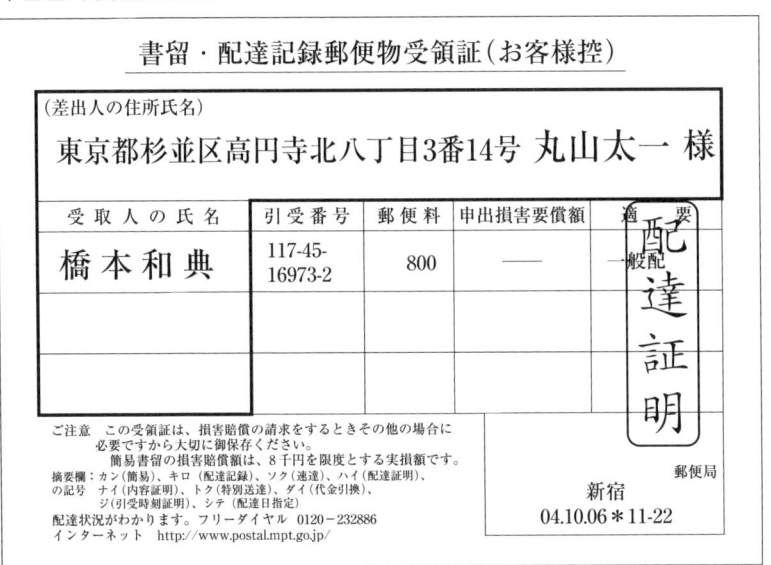

書留・配達記録郵便物受領証（お客様控）

（差出人の住所氏名）
東京都杉並区高円寺北八丁目3番14号　丸山太一　様

受取人の氏名	引受番号	郵便料	申出損害要償額	適要
橋本和典	117-45-16973-2	800	—	一般配　配達証明

ご注意　この受領証は、損害賠償の請求をするときその他の場合に必要ですから大切に御保存ください。
簡易書留の損害賠償額は、8千円を限度とする実損額です。
摘要欄：カン（簡易）、キロ（配達記録）、ソク（速達）、ハイ（配達証明）、
の記号　ナイ（内容証明）、トク（特別送達）、ダイ（代金引換）、
　　　　ジ（引受時刻証明）、シテ（配達日指定）
配達状況がわかります。フリーダイヤル　0120-232886
インターネット　http://www.postal.mpt.go.jp/

郵便局
新宿
04.10.06＊11-22

たいていの場合は2、3度配達に行ってくれるようですが、それでも留守だった場合は、留守宅に「郵便局で書留を預かっていますので、○日以内（原則として7日間）に取りにくるか、再配達日を指定してください」というような書置きを残してきます。

ここで、受取人が郵便物の受取りに関する手続き（郵便局に取りに行ったり、再配達の日を指定するなど）を行なってくれればいいのですが、受取人が手続きをしてくれないこともあります。すると、郵便物は「受取人が不在でした」などという付せんが貼られて差出人のもとに戻ってきます。この場合、文書は受取人に届かなかったものとして取り扱われますので、注意してください。

②受取人が受取りを拒否した場合

郵便局の職員が宛先に配達し、その住所に受取可能な相手（受取人本人、家族、社員など）がいたにもかかわらず、相手が「その郵便物は受け取りたくない」と言って受取りを拒否することがあります。内容証明は特殊な郵便ではありますが、強制力のあるものではないので、受取りを拒否すること自体はとくに違法な行為ではないのです。この場合、郵便物は「受取りを拒否されました」という内容の付せんとともに、差出人に戻されることになります。

しかし、この場合は受取人が留守だった場合と違って、内容証明郵便としての効力は生じないものの、意思表示そのものはなされたことになりますので、受取りを拒否する際には注意が必要です。

③宛先に受取人がいなかった場合

差出人が、受取人の所在地として記載した住所に受取人がいない、ということも実際にあります。差出人が知らない間に、受取人が夜逃げしてしまった、というような場合です。差出人が調査して、新しい住所を知ることができた、というのであればよいのですが、どうしてもわからないときは相手に必要な通知を出すことができなくなってしまいます。

このような場合の救済方法として「公示送達」という手続きがあります。公示送達は、①裁判所への申立て、②掲示、③意思表示の到達、という流れで行なわれます。

①裁判所への申立て

公示送達の申立ては、相手が最後にいたと思われる住所地を管轄している簡易裁判所に対して行ないます。申立ての際には、送付したい文書を裁判所に提出します。

②掲示

裁判所が「相手の住所がわからないことが明白だ」と判断すれば、公示送達の手続きが開始されます。裁判所は、裁判所の掲示板のほか、官報や新聞、必要に応じて市区町村役場などの掲示板に「送達すべき書類を保管しているので、裁判所に取りにきてください」という内容の文書を掲示します。これにより、相手に連絡をしたものとするわけです。

ここで、相手が掲示に気づいて裁判所に文書を取りにくれば、送達は完了します。

③意思表示の到達

掲示をしていても、相手が受け取りにこないこともあります。相手が掲示の事実を知っているか否かにかかわらず、裁判所が最後に掲示をした日から2週間が経過すると、その時点で相手に差出人の意思表示が到達したものと判断されます。

■次の展開を考えながら出すことも大切

差出人は、内容証明を出しただけで問題が解決すると安心してはいけません。内容証明で出した文書にどのように対応するかは、受取人しだいだからです。

差出人の意思を文書にし、内容証明で出すことによって、差出人がその問題を真剣に解決しようとしていることは伝えることができますし、相手に心理的な圧力をかけるという効果も期待できます。

しかし、内容証明は、「どんな文書をいつ、相手に送ったか」ということを公的に証明することができるだけで、文書の内容の真偽を証明するものではありません。

また、文書の内容について、相手が差出人の要求に従ったり、何らかの返答をしなければならない、というような法的な強制力を持つわけでもありません。そこで、内容証明を出す際には、相手がどのよう

に対応するかを考慮し、次の展開を視野に入れておく必要があるのです。

■内容証明を使うべきではない場合もある

　内容証明は、万能ではありません。場合によっては、内容証明を使うことで、かえって問題がこじれてしまうこともあります。

　たとえば、内容証明を送ることで、相手が証拠や財産を隠すおそれがあるというような場合には、内容証明を出さずに裁判所に仮処分の申立て（財産を処分できないようにしてもらうなど）をしたり、訴訟を起こしたほうがいいかもしれません。また、内容証明は、いわば相手に対して「私はこの問題について争う覚悟をしている」ということを一方的に知らせるようなものですから、相手の感情を逆なでする可能性もあります。今後も長くつき合いを続けていきたいと考えている相手であるならば、別の手段を考えたほうが無難だ、という場合もあるでしょう。

　実際に内容証明を出すことにしたときは、相手が返答してこないことも想定した上で文書を作るようにしましょう。場合によっては内容証明の送付後に、直接交渉に出向いたり、裁判所に調停を申し立てるなど、別の方法を取ることになる可能性もあります。そうなったときに、不利な証拠を残さないような表現が必要です。文書の表現によっては、脅迫扱いされたり、差出人の本意とは異なる受け取られ方をされてしまうかもしれませんので、慎重さが求められます。

6 内容証明を受け取ったら

■まずは文書の内容をしっかり吟味すること

　内容証明は、差出人の強い意思を感じさせる構成の文書なので、受け取るとそれだけであわててしまう人も多いと思います。

　しかし、内容証明で送られてきた文書に強制力はありません。「一両日中に回答がなければ、当方の主張を認めたものとみなします」などと断定的に書かれていたとしても、内容証明に回答しなかったことを理由に差出人の主張が全面的に認められるということはありませんから、まずは落ち着いて文書の内容を吟味することが大切です。

　たとえば、受け取ったのが契約解除や借金の返済を求める文書などであった場合、その文書が到達することによって一定の効果（契約関係の消滅や時効の中断など）が生じます。

　この場合は、必要に応じてそれなりの対処をする必要があるでしょう。文書の内容に問題があったり、受取人側に異議があるのであれば反論をしなければなりませんし、差出人の言い分が正当なものであるならば、契約解除などの対処をしなければなりません。

　逆に、下手に回答をしないほうがよい場合もあります。たとえば、既に時効にかかった債務について、債権者から支払いを求める文書が届いた場合、「返済を待ってほしい」などと回答すると、時効の効力を主張できなくなってしまいます。

　内容証明で差出人が「早急に回答するように」と求めてきても、ある程度の時間的余裕はありますから、回答は慎重に行なうようにしましょう。

　なお、内容証明に対する回答は、内容証明で送らなければならないという決まりはありません。必要に応じて選択するとよいでしょう。

7 電子内容証明について

■電子内容証明サービスとは

　パソコンのワープロソフトを使って作成した文書を、インターネットを通じて郵便局に送ることによって、内容証明を送付することができるようになりました。これを「電子内容証明サービス」といいます。

　電子内容証明サービスには、①自宅や職場などから24時間いつでも送付することができる、②ワープロソフトの機能を考慮して、字数制限などが緩和されている、③押印や封入などの手間が省ける、といった利点があります。

　ただ、誰でも利用できるというわけではありません。利用するパソコンが一定の条件を満たしていることと、事前に利用者登録をする、ということが条件になります。

■電子内容証明サービスの利用

　電子内容証明を利用するには、まず日本郵政公社の電子内容証明のホームページ（http://www3.hybridmail.jp/mpt/）を開いて利用者登録を行ないます。このとき、利用料の支払方法としてクレジットカードか料金後納を選択しなければなりません。クレジットカードを利用するのであれば、すぐに登録することができますが、料金後納の場合は定められた郵便局（他局差出特例承認局）で手続きをしなければなりませんので、登録に数日かかることになります。登録料は不要です。

　利用者登録ができたら、「e内容証明」という専用ソフトをダウンロードします。これで、電子内容証明サービスを使える環境が整ったことになります。

■電子内容証明の作成

　電子内容証明で送ることのできる文書は、Microsoft Wordか

Justsystem一太郎で作成した文書です。文書を作成する際の制限は、手書きの場合とは異なります。

①**用紙設定**

　用紙は、Ａ4サイズです。縦置き・横置きどちらでもかまいません。ただし、縦置きの場合は横書き、横置きの場合は縦書きで文書を作成してください。

　余白は、縦置きなら上・左右に1.5cm以上、下に7cm以上、横置きなら上下・左に1.5cm以上、右に7cm以上が必要になります。

　1ページ内の文字数はとくに制限されておらず、余白と文字ポイントによって1ページ内に納まるのであれば自由に設定することができます。なお、文書は最大5枚までとされています。

②**文字サイズと種類**

　文字サイズは、10.5ポイント以上、450ポイント以下であれば利用することができます。

　使用できる文字は、手書きの場合と同じで漢字、ひらがな、カタカナ、数字、一般的な記号、固有名詞の英字です。外字扱いとなっている文字については利用できませんので注意してください。

　なお、「太字」と「斜体」に限り、文字装飾を行なうこともできます。

■配達と料金について

　電子内容証明サービスで送付された文書は、新東京郵便局で受け付けられ、ここから差出人には配達記録郵便として、受取人には書留郵便として配達されます。指定すれば、受取人への送付を配達証明付きや速達にすることもできます。

　また、複数の受取人に同文内容証明を送ることも可能です。

　料金については、利用者登録の際に選択した方法によって後日請求されます。受取人への送付分と差出人への送付分の両方が必要になります。

◆用紙の余白の設定

A4判横置きの場合

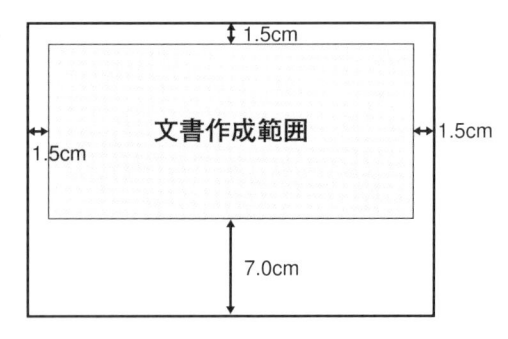

- 上: 1.5cm
- 左: 1.5cm
- 右: 1.5cm
- 下: 7.0cm
- 文書作成範囲

A4判縦置きの場合

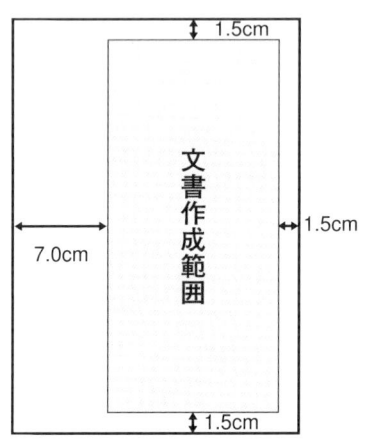

- 上: 1.5cm
- 左: 7.0cm
- 右: 1.5cm
- 下: 1.5cm
- 文書作成範囲

◆電子内容証明郵便の料金

	取扱内容	料金
基本料金		80円
特殊取扱料金	電子郵便料金	
	通信文用紙1枚目	20円
	通信文用紙2枚目以降	5円
	内容証明料金	
	本文1枚目	365円
	本文2枚目以降	343円
	同文内容証明	
	（原本2通目以降）　　本文1枚目	200円
	本文2枚目以降	200円
	謄本送付料金	
	通常送付	290円
	一括送付	480円
	書留料金	420円
	配達証明料金	300円
	速達料金	270円

第2章

契約・商取引にまつわる基本文例

001 商品の引渡しを遅滞している売主に対して、買主が商品の引渡請求をする

商品引渡請求書

　当社は貴社と、平成〇年□月〇日、貴社製作にかかる商品の購入に関し、下記売買契約を締結しました。当社は、既に平成〇年□月□日に売買代金〇〇〇万円を支払済です。しかしながら、商品引渡期日の平成〇年〇月△日を経過して現在に至るも、いまだに貴社から下記商品の引渡しを受けておりません。

　よって、本書面到達後、直ちに下記商品を引き渡していただくよう請求いたします。

記

(売買契約の内容)
　　　商品名　　　×××型番□□
　　　個数　　　　〇〇個
　　　売買代金　　〇〇〇万円
　　　代金支払日　平成〇年□月□日
　　　引渡日　　　平成〇年〇月△日
　　　引渡場所　　当社××工場

　平成〇〇年〇月〇日
　　東京都〇〇区〇〇1丁目2番3号
　　　　〇〇〇〇株式会社
　　　　　代表取締役　〇〇〇〇　印
　東京都〇〇区〇〇3丁目4番5号
　　　　〇〇株式会社
　　　　　代表取締役　〇〇〇〇　殿

アドバイス

1　本例は、代金先払いの売買契約で、売主が商品の引渡しを遅滞している場合に、その引渡しを請求する書面です。
2　このような書面で記載すべき事項は、以下のようになります。
①売買契約を特定する要素
　売買契約締結日、商品名とその個数、売買代金、代金支払日、商品引渡日です。
②履行期と相手方の不履行に関する要素

本件ではこの部分がとくに大切です。具体的には、売買代金支払日に支払いをした事実、売買代金の支払いと目的物の引渡しの先後関係、商品引渡日に引渡しがなされず、現在も履行されていない事実などです。

002 期限内に売主からの引渡しがなければ買主が無催告解除する旨の通知

引渡請求兼解除通知書

　当社は貴社と、平成○年□月○日、下記内容の売買契約を締結いたしました。当社は、平成○年□月△日に代金○○万円を支払済ですが、貴社は商品の引渡期日である平成○年○月□日経過し現在に至るも、いまだに商品の引渡しをしておりません。

　直ちに下記商品の引渡しをするよう請求するとともに、本書面到達後2週間以内に商品の引渡しがなされない場合には、再度の通知をすることなく本件契約を解除いたします。

　　　　　　　　　　記
(売買契約の内容)
　　　商品名　　　　○○○
　　　個数　　　　　○○
　　　売買代金　　　○○万円
　　　代金支払日　　平成○年□月△日
　　　商品引渡期日　平成○年○月□日
　　　引渡場所　　　当社××工場
　　平成○○年○月○日
　　　　東京都○○区○○1丁目2番3号
　　　　　　○○○○株式会社
　　　　　　　代表取締役　　○○○○　印
東京都○○区○○3丁目4番5号
　　　　○○株式会社
　　　　　代表取締役　　○○○○　殿

アドバイス

1　本例は、買主が代金を先に支払ったにもかかわらず売主が引渡期日に商品を引き渡さないときに、期限を定めてその期限内に引渡しがなければ無催告解除を可能とする書面です。
2　このような書面では、①買主は期日に代金を支払済であること、②売主に商品を引き渡さないという債務不履行があること、③現在も商品の引渡請求をしていること、④商品の引渡しが解除の停止条件となっていること、⑤期限を定めてその期限内に引渡しがないときには、再度の通知をせずに解除をすること、などを記載します。

003 売主からの代金請求に対して、買主が商品と引換えに代金を支払う旨の回答をする

売買代金支払請求に対する回答書

当社は、平成○年○月○日、貴社販売の商品（○○○）を買い受ける旨の売買契約を貴社と締結しました。

ところが、本売買契約に関し、平成○年□月△日付で、貴社より上記商品の代金を請求する旨のご通知をいただきました。

しかしながら、同契約によりますと、商品の引渡しは代金支払いと引換えにのみ行なわれるものとされております。

よって、当社といたしましては、契約通り商品（○○○）を受領するのと引換えに代金○○万円全額の支払いをいたします。

平成○○年○月○日
　東京都○○区○○1丁目2番3号
　　　　○○○○株式会社
　　　　代表取締役　○○○○　印
東京都○○区○○3丁目4番5号
　　　　○○株式会社
　　　　代表取締役　○○○○　殿

アドバイス

1　代金を後払いとしている場合も多いでしょうが、当事者間に特別な約束がないのであれば、原則として商品の引渡しと代金の支払いは同時に行なわれるべきです。売主が代金の支払いを求めてきた場合、買主は商品の引渡しと引換えならば支払う旨の回答をすればよいでしょう。

2　同時履行の抗弁権とは、一方の債務が履行されるまでの他方の債務も履行しなくてよいという、履行を拒絶する権利をいいます。債務としての同一性が失われない限り、他に債権譲渡または債務引受けがなされても、なおこの抗弁権を主張することができます。

004 引き渡された商品に欠陥がある場合に、買主が売主に対して商品の取替請求をする

不良品引取および完全品引渡請求書

当社は貴社と、平成○年○月○日、貴社商品（△△）を買い受ける旨の売買契約を締結いたしました。

貴社からは、約定通りに平成○年○月△日に上記商品の引渡しを受けました。

しかしながら、当社において同商品を検品してみたところ、そのすべてにおいて部品○○が正常に作動しないという欠陥があり、このままでは使用不可能であることが明らかになりました。

よって、上記売買契約第○○条に基づき、直ちに、当該不良品を引取りの上、○月□日までに、完全品とお取替えいただきますことを本書面にて、請求いたします。

　平成○○年○月○日
　　東京都○○区○○１丁目２番３号
　　　○○建設株式会社
　　　　代表取締役　○○○○　㊞
東京都○○区○○３丁目４番５号
　　○○株式会社
　　　代表取締役　○○○○　殿

アドバイス

1　本例は、売買契約に基づき引き渡された商品に欠陥がある場合に、その不完全品を回収し、完全品を改めて引き渡すことを請求する書面です。
2　このような書面で記載する必要がある事項は、①基本となる売買契約締結の事実、②相手からは、一応商品の引渡しを約定の期日に受けたこと、③自社で商品についての検品を実施したこと、④検品の結果、商品に欠陥が発見され、使用に耐えないこと、⑤当該商品を引き取り、交換することの根拠となる売買契約の条項の明示などです。

005 売主からの商品交換・修理請求を買主が拒絶する

交換・修理請求等に対する回答書

貴社は、平成○年○月○日付通知にて、当社販売製品に重大な欠陥があるため、完全品との交換、もしくは欠陥の修理、または代金減額、損害の賠償を請求されております。しかしながら、当社としては、下記理由により、完全品との交換、欠陥の修理、のいずれの請求にも応じられません。さらに、貴社の代金減額・損害賠償の請求にも応じる義務はないと存じます。

記

1　貴社には商法526条により商品受領後、遅滞のない検査義務および瑕疵の通知義務が課せられているところ、現時点でのご通知は、まさに同義務を怠ったものであること

2　また、欠陥が直ちに発見できないものであったとしても、貴社がご購入されてから既に同条所定の6か月が過ぎており、同条により代金減額等の請求が認められないこと

平成○○年○月○日
東京都○○区○○1丁目2番3号
○○商事株式会社
代表取締役　○○○○　印

東京都○○区○○3丁目4番5号
○○株式会社
代表取締役　○○○○　殿

アドバイス

1　本例は、商事売買で商品の欠陥による交換などの請求をされた場合に、売主がそれを拒絶する書面です。

2　商法526条には、商人間の売買で買主が目的物を受け取った場合には、すぐに検査を行ない、もし瑕疵（欠陥）があった場合には直ちに売主にその旨を通知しなければ、契約の解除や代金減額、損害賠償請求はできないと規定されています。また、すでに発見できない瑕疵を6か月以内に発見した場合にも、通知義務があると定めています。

3　商法526条により、商品クレームを拒絶するための書面では、以下の事項を記載します。

①同条が買主に要求する「遅滞のない検査義務」に相手方が反していることの指摘

②同条が要求する「速やかな瑕疵（欠陥）の通知義務」にも反していることの指摘

006 買主が強迫を理由として行なう売主への意思表示の取消通知

取消通知書

　私は、貴社との下記1の契約締結の意思表示を下記2の理由で取り消すことを本書面により通知いたします。

記

1　契約の内容
　　契約年月日　　平成○○年○月○日
　　契約内容　　　貴社商品○○を代金○○○万円で購入する契約

2　取消理由
　上記契約締結に際し、貴社から「○○○○○」との強迫を受け、その言辞に畏怖し、やむなく上記契約を締結したこと
　よって、民法第96条第1項に基づいて、上記契約を取り消させていただきます。従いまして、本契約に基づく代金支払いの請求には一切応じられません。また、すでに支払済の代金○万円は、早急に返還するように請求します。

　　平成○○年○月○日
　　　東京都○○区○○1丁目2番3号
　　　　　　　　　○○○○　印
　東京都○○区○○3丁目4番5号
　　　○○株式会社
　　　代表取締役　　○○○○　殿

アドバイス

1　本例は、強迫を理由とする売買契約締結の意思表示の取消しとすでに支払った代金の返還を請求する書面です。
2　この書面作成では、①前提となる売買契約の内容を明示すること、②相手のいかなる言動が強迫にあたるのかを示すこと、③その言動に「畏怖」したから売買契約を締結したという「因果関係」を記述すること、④そこで、民法96条1項により取消権を取得し、当該契約を取り消す旨の記述、がポイントとなります。
3　既払代金の返還請求も取消しの記述の後につけ加えておきます。

007 買主が錯誤を理由として売主に受領拒絶と代金返還を通知する

通知書

　当社は貴社と、平成○年○月○日、貴社製の計測器△△型番□□を代金○○○万円で購入する契約を締結いたしました。

　上記契約に際し、当方は、同製品が○○ワットの出力も可能であるとの認識を有しており、貴社からも、同製品は、○○ワットの出力が可能との説明がありました。ところが、実際には、同製品は当方の認識と異なり、△△ワットの出力しか出せないことが当方の検査で明らかになりました。

　上記の点、つまり製品の出力値は本契約についての重要な要素であります。従いまして、上記の錯誤は、民法第９５条が規定する「要素の錯誤」に該当します。

　よって、同条により上記売買契約は無効となりますので、上記製品の受領を拒絶するとともに、支払済代金○○○円の返還を請求する旨、本書面にて通知いたします。

　　平成○○年○月○日
　　　東京都○○区○○１丁目２番３号
　　　　○○株式会社
　　　　代表取締役　　○○○○　印
　東京都○○区○○３丁目４番５号
　　　○○商事株式会社
　　　代表取締役　　○○○○　殿

アドバイス

1　本例は、民法95条の錯誤による売買契約の無効主張と、それにともなう商品の受領拒絶の通知と既払代金の返還を請求する書面です。錯誤とは、意思表示をした者が、表示と内心あるいは動機との間に食い違いがあることを知らないことをいいます。契約の重要な要素に錯誤がある場合、その契約は無効になります。

2　錯誤無効を主張する場合は、①具体的な事実を表示して、何と何との認識に関して錯誤があったのかを明白にすること、②その錯誤が契約の内容として重要であることの記述、③相手方もその錯誤が重要な要素にあたることを知り得たことを記載します。

3　記述の順序として、上記①から③までを述べた後で、結果として売買契約が無効となることを記載し、それから、さらに商品の受領拒絶、既払代金の返還請求を記載します。

008 リース期間の途中で、リース会社がリース料金不払いを理由に契約の解除と料金支払請求をする

リース契約解除通知書

　当社は貴社と、平成○年○月○日、「○○○」を目的物件とするリース契約を締結しました。現在も同契約に基づきリース中であり、同物件は貴社の占有下にあります。

　しかし、リース料金に関しては、平成○年□月△日以降継続して本日現在に至るまで、○か月と△日分（合計金○○万円）が支払われておりません。よって、上記リース料金不払いを理由とし、上記契約第○条に基づき、本書面にて同契約を解除いたします。

　また、上記契約第□条により、契約リース期間である平成○○年△月△日までの残料金である合計○○万円に商事法定利率年6％の割合による遅延損害金を付加した額を直ちに支払う旨、請求いたします。

　なお、貴社占有下にある上記リース物件も直ちに当社に返還するよう請求いたします。

　　平成○○年○月○日
　　　東京都○○区○○1丁目2番3号
　　　　○○リース株式会社
　　　　　代表取締役　　○○○○　印
　　東京都○○区○○3丁目4番5号
　　　○○株式会社
　　　　代表取締役　　○○○○　殿

アドバイス

1　本例は、リース料金の不払いにより、リース契約をリース期間の中途で解除する旨のリース会社からの通知です。なお、リース契約では中途解除の場合は残期間に応じた代金合計額の支払いが請求できるとされています。

2　リース料金不払いによる解除通知には、一般に、以下の点を記載します。

①リース契約締結の事実と、目的物が引渡済であること

②リース料金の不払い
　具体的に不払期間を示して、不払料金の合計額も記載します。

③リース契約の具体的条項を示し、書面による解除の意思表示の明示

3　残リース期間に対応した料金を請求することも記載します。

4　さらに、相手の下にあるリース物件の返還請求についても記載します。

009

注文主が請負人に対して行なう請負契約の解除通知

　　　　請負契約解除通知書
　当社は貴社との間で平成○年○月○日、○○市○町○丁目○番○号の「△△ビル」の建築工事について請負契約を締結しました。
　上記契約によれば、○年□月末までに本件建物を完成させ、引渡しを行なうものとされていますが、貴社は○年△月末に工事を中断したまま放置されております。このままでは期限までに完成建物の引渡しを受けることは、その工程からみて不可能です。よって、本契約第○条に基づいて、上記契約を解除することを、本書面により通知いたします。
　なお、今後は、他の建築会社に工事の引継ぎを注文することになりますが、それにより当社に発生した増加費用、工事の遅滞によって生じた賃料収入の減収、およびその他の損害につきましては、その額が確定次第、別途請求させていただきます。

　　平成○○年○月○日
　　　東京都○○区○○１丁目２番３号
　　　　○○商事株式会社
　　　　　代表取締役　○○○○　印
　東京都○○区○○３丁目４番５号
　　　○○建設株式会社
　　　　代表取締役　○○○○　殿

アドバイス

1　本例は、請負人が期限までに仕事を完成させる義務に違反した場合に、注文者が請負契約を解除する書面です。
2　このような書面で記載が要求される事項は以下のとおりです。
①請負契約が成立したこと
②期限の指摘とそれまでに請負人が仕事を完成できないことを具体的事実によって示すこと
③解除の根拠としては、②で示した請負人の債務不履行（履行不能）でもかまいませんが、請負契約書に根拠となる条項があれば、それを根拠として摘示すること
3　追加的に生じる損害も別途請求する旨をつけ加えておきます。

010 注文者の債務不履行を理由に、請負人が注文主に対して行なう請負契約の解除通知

解除通知書

　当社は貴殿と、○県○市○町○丁目○番○号に貴殿居宅を建築する旨の建築請負契約を平成○年○月○日に締結しました。この契約に基づき、当社は工事を実施して参りました。そして、同契約によると、請負代金の支払いに関しては、平成○年○月○日にその4分の1、同年□月□日にその4分の1、同年△月△日に残額全部、を支払うという約定になっておりました。

　しかしながら、貴殿は平成○年○月○日に4分の1を支払った以降は、当社からの再三の催告にもかかわらず、まったく代金の支払いをなされていません。

　よって、当社は、上記請負契約第○条に基づいて、同契約を解除することを本書面にて通知いたします。

　　平成○○年○月○日
　　　東京都○○区○○1丁目2番3号
　　　　○○建設株式会社
　　　　代表取締役　　○○○○　印
　東京都○○区○○3丁目4番5号
　　　　　　○○○○　殿

アドバイス

1　本例は、注文者の債務不履行を根拠として請負人が契約を解除する場合の書面です。
2　注文者の債務不履行は、通常、約定に従った請負代金の支払いがなされない場合です。このような書面を作成する際には、①請負契約を締結した年月日、②代金の支払時期についての約定、③その約定に注文者が従っていないこと、などを記載する必要があります。
3　なお、解除後に請負人に損害が残る場合には、その賠償請求についても同時に通知しておくとよいでしょう。

011

完成建物に欠陥がある場合に、注文主が請負人に対して行なう欠陥の補修工事請求

補修工事請求書

　私は貴社と、○○県○○市○○町○丁目○番○号地上に私の居宅建築に関する請負契約を平成○年○月○日に締結しました。

　その後、平成○年□月△日、建物が完成し、その引渡しを受けましたが、同建物で生活するうちに、基礎工事の一部に欠陥があり、建物の耐震強度が不足していることが判明いたしました。

　よって、上記欠陥に関し、民法634条に基づき早急なる補修工事を実施していただくことを本書面にて請求します。

　また、請負代金の残部4分の1の支払いは、補修工事完了後とさせていただきますので、ご了承ください。

　　平成○○年○月○日
　　　東京都○○区○○1丁目2番3号
　　　　　　　　　　○○○○　印
東京都○○区○○3丁目4番5号
　　○○建設株式会社
　　代表取締役　　○○○○殿

アドバイス

1　本例は、完成建物に欠陥があるので、請負人に対し、その補修を請求する書面です。補修請求には期間制限がありますので注意してください。
2　このような書面で記載すべきことは、①請負契約成立の事実、②欠陥の内容をできるだけ具体的に示すこと、③それが請負人の責任であることを明確にすること、④その補修を至急行なうように請求することなどです。
3　また、請負代金の未払分があれば、その支払いを欠陥の補修と引換えまたは、補修後とする旨の記載をします。

012 受任者が委任者に費用と報酬を請求する

報酬請求書

　当社は貴社と、平成○年○月○日、「○○」の件に関し、委任事務処理契約を締結いたしました。そして、同事務処理に関しましては、過日ご報告のとおり無事終了いたしました。

　ついては、上記契約の約定に従い、後記のとおり、費用および報酬の支払いを請求いたします。

　なお、お支払いにつきましては、本書面到達後2週間以内になされますよう重ねてお願い申し上げます。

記

合計金○○○○円
　（内訳）
　　1　費用　金○○○円
　　　　（ただし、△△処置のため）
　　2　報酬　金○○○○円

平成○○年○月○日
　　東京都○○区○○1丁目2番3号
　　　　○○株式会社
　　　　　代表取締役　○○○○　印
東京都○○区○○3丁目4番5号
　　　　○○株式会社
　　　　　代表取締役　○○○○　殿

アドバイス

1　当事者の一方（委任者）が相手方（受任者）に対して事務の処理を委託する契約を委任契約といいます。本例は、委任契約による事務処理の終了後に、受任者が費用と報酬を支払わない委任者に強く支払いを求める書面です。委任事務処理報告書は、既に送付済みであることが前提です。

2　費用については、民法上、その請求が認められていますので、費用の明細を記述すればかまいません。

3　報酬については、民法上、無償委任が原則ですが、委任契約でとくに報酬に関する定めをした場合には、それに従って報酬を請求することができます。

4　委任事務処理終了報告書と請求書を兼ねる場合は、処理した仕事の内容、履行完了の日時も記載します。

013 貸主が借主に使用貸借に基づいて機械の返還請求をする

> 建設機械返還請求書
>
> 当社は貴社と、平成○年○月○日、貴社が排水管取替工事に使用するため、当社所有にかかる建設機械×××××1台を無償でお貸しする使用貸借契約を締結しました。
>
> その際、目的物の返還時期に関しましては、別段定めませんでしたが、貴社の行なった排水管の工事は、通常であれば1か月程度で終了するものであります。
>
> しかしながら、既に貸与から半年も経過しており、当社でも上記建設機械を使用しなければ業務に支障が生ずるようになりました。
>
> つきましては、平成○年□月△日までにご返却くださるようお願い申し上げます。
>
> 平成○年□月□日
> 　　東京都○○区○○1丁目2番3号
> 　　　　○○建設株式会社
> 　　　　　代表取締役　○○○○　印
> 東京都○○区○○3丁目4番5号
> 　　株式会社○○建設
> 　　　代表取締役　○○○○　殿

アドバイス

1　本例は、使用貸借で使用期間を定めずに目的物を貸与した場合に、貸主から行なう返還請求です。
2　民法上は、期間の定めのない使用貸借は使用目的を達するのに相当な期間が経過した場合には返還請求が可能とされています。
3　それを前提とし、この例のような書面を作成するには、①使用貸借が成立した事実、②目的物の種類によっては、使用目的の記載、③使用目的を達成するのに必要な期間が経過したこと、④法律上の要件ではありませんが、自分のほうでも目的物を使用する必要があること、などを記載した上で、返還を請求する旨の記載をします。

第3章

担保・保証・回収にまつわる基本文例

014 売主が買主に売買代金を請求する

催告書

　当社が貴殿に対して平成○○年○月○日に売却した商品○○につきまして、平成○○年○月○日までに代金○○万円をお支払いただくことになっておりました。しかしながら、当社の再三の請求にもかかわらずまったくお支払いいただいておりません。つきましては、本書面到達後7日以内に、上記金○○万円をお支払くださるようお願いいたします。なお、万一、上記期間内にお支払いのない場合には当方としては訴訟・強制執行その他の法的手段を取らざるを得ませんので、ご了承ください。

　　平成○○年○月○日
　　　東京都○○区○○1丁目2番3号
　　　　株式会社　○○○○
　　　　　代表取締役　○○○○　印
　東京都○○区○○3丁目4番5号
　　　　　　○○○○　殿

アドバイス

1　売買契約においては、目的物（商品など）と引換えに代金を支払うのが原則です。ただ、契約の当事者間で合意があれば、商品の引渡しを先行させ、代金は後払いにすることもできます。
2　代金が期限までに支払われなかった場合、いきなり訴訟を起こしたりするのではなく、まずは買主に対して支払いを催促してみるのがよいでしょう。

口頭で催促しても効果がなかったという場合には、内容証明郵便を使って催促するとよいでしょう。相手に対して強いインパクトを与えることができますし、後々裁判になった場合に証拠として利用できるからです。その際、支払期限を明記しておくことがポイントです。

015 **取引先に売掛金回収と既引渡商品の回収を請求する**

請求書

当社は、貴社との間の平成○年△月□日付商品売買基本契約に基づいて、各種精密機器を継続的に売却しております。また、同契約第□□条に基づき、貴社は代金支払債務の担保として貴社所有の○○工場に当社を権利者とする抵当権を設定しておりました。

ところが、先般、貴社の過失で同工場は火災により焼失しました。これは、同契約第○○条に規定された「担保目的物の故意または過失による毀損」にあたります。よって、貴社は期限の利益を喪失しましたので、当社の貴社に対する売掛金２０００万円を本書面到達後１０日以内にお支払いいただきたく、請求いたします。

なお、当社に返却された商品の代金額については、その分を上記売掛金から控除いたします。

平成○○年○月○日
　　東京都○○区○○１丁目２番３号
　　　　株式会社　○○○○
　　　　代表取締役　○○○○　印
東京都○○区○○３丁目４番５号
　　株式会社　○○○○
　　代表取締役　○○○○　殿

アドバイス

1　本例は、取引先が期限の利益（期限までの支払猶予）を喪失した場合に、売掛金と既引渡商品の回収を図るための書面です。
2　基本契約の存在を記載し、何についての売掛金かを明らかにします。
3　売掛金の一括支払いを求めるためには、相手方の期限の利益を喪失させる必要があり、そのために必要な具体的事実は必ず記載してください。
4　すでに引き渡した商品がある場合には、先に商品を回収し、その代金分を売掛金から控除するという形をとったほうが、相手方から代金の回収をするのが容易になります。

016 債権者が売掛金債権を放棄する場合（債務免除）の通知

<pre>
                通知書
　当社と貴社との間には、下記契約に基づく
債権債務の関係がありますが、諸般の状況に
照らして、貴社に対して持つ売掛金債権を放
棄させていただきます。
                 記
1　契約日　　　平成△△年△月△日
2　売買目的物　建築用木材△トン
3　売買代金　　△△△万円
4　支払期日　　平成〇〇年〇月〇日

　平成〇〇年〇月〇日
　　　〇〇県〇〇市〇〇町〇丁目〇番〇号
　　　　　株式会社〇〇木材
　　　　　代表取締役　〇〇〇〇　印
〇〇県〇〇市〇〇町〇丁目〇番〇号
　　　株式会社〇〇建設
　　　代表取締役　〇〇〇〇　殿
</pre>

アドバイス

1　売掛金が識別できるように、契約内容を記載しておくとよいでしょう。
2　債権放棄は法律的には「債務免除」のことです。おもに、債務者の経営状況が悪化しているときに、債務者の再建を支援するために行なわれます。債権者が集まって、話し合いで決められるケースもよくあります。
3　確定申告のときに損金処理をするため、証拠を残しておく必要があります。そのためにも、内容証明郵便を利用するとよいでしょう。

017 手形所持人から裏書人に対して行なう不渡通知と遡求

不渡通知および遡求金請求書

　私が所持する後記約束手形を平成○□年□月△日に支払いのため、支払場所である○○銀行△支店へ呈示しましたが、その支払いを拒絶されました。よって、裏書人である貴殿にその旨通知するとともに、遡求として約束手形金および支払期日より年6分の割合による利息を請求いたします。

記

（手形の表示）
　　　額面　　　金○○○万円
　　　振出人　　○○株式会社
　　　振出日　　平成○○年○月○日
　　　振出地　　東京都○区
　　　支払地　　東京都△区
　　　支払場所　○○銀行△支店
　　　支払期日　平成○□年□月△日
　　　受取人かつ第1裏書人　　○○○○
　　　第2裏書人　　△△△△

平成○○年○月○日
　東京都○○区○○1丁目2番3号
　　　　　　○○○○　㊞
東京都○○区○○2丁目3番4号
　　　　　　△△△△　殿

第3章　担保・保証・回収にまつわる基本文例

アドバイス

1　本例は、自分の所持している手形の支払いが拒絶された場合に、不渡りの事実を自己への裏書人に通知し、遡求する目的の書面です。遡求というのは、手形の支払いがない場合に、所持人が裏書人に対して支払いを求めることです。

2　通知の目的は遡求にあるので、両者を兼ねた書面を送付するのが合理的です。

3　不渡りと遡求の通知で重要な記載事項は、次のとおりです。

①期日に適法な提示があったのに、支払いが拒絶されたこと
②手形の振出人、額面、振出地等の手形面上の記載事項
③受取人から裏書人を経て自己に至るまでの手形の流通経路

018 裏書人が直前の裏書人に不渡通知をする

通知書

　後記約束手形の所持人である東京都○○区○○1丁目2番地3号の○○○○氏から、平成○□年□月△日に支払いのため、同手形を支払場所へ呈示したところ、支払いを拒絶された旨の通知が平成○○年○月○日到達の内容証明郵便にて、私に対してなされました。
　よって、私は第一裏書人である貴殿に対し、その旨通知致します。

記

（約束手形の表示）
　　額面　　　金○○○万円
　　振出人　　○○株式会社
　　振出日　　平成○○年○月○日
　　振出地　　東京都○区
　　支払地　　東京都△区
　　支払場所　○○銀行△支店
　　支払期日　平成○□年□月△日
　　受取人かつ第1裏書人　　○○○○
　　第2裏書人　△△△△

平成○○年○月○日
　東京都○○区○○2丁目3番4号
　　　　　　　　△△△△　印
東京都○○区○○3丁目4番5号
　　　　　　　□□□□　殿

アドバイス

1　本文例は、所持人から不渡通知を受けた裏書人がさらに自分の前裏書人に対して不渡りの事実を通知する書面です。その目的は、前者に対する再遡求権の保全にあります。

2　本書面で必要な記載事項は次のとおりです。
①所持人が適法な提示をしたのに支払いを拒絶された旨の通知を所持人から受領したこと
②所持人からの第一不渡通知と同様の手形面上の記載事項
③自分が前者から裏書により手形を取得し、かつその裏書人が通知の相手方である旨の記載（とくに、これが本書面では重要であり、この記述により再遡求権が保全される）

019 貸金返済請求をする①（返済日の定めがある場合）

貸金返済催告書

　私は、貴殿に対し、平成△年○月□日に金３００万円を、返済期平成○年□月×日、利息年１割５分、遅延損害金年２割、との約定でお貸しいたしました。

　しかしながら、弁済期である平成○年□月×日が経過した現在に至るも、まったく返済がなされておりません。

　よって、本書面到達後１０日以内に、上記貸金元本３００万円と、これに対する平成△年○月□日から上記返済期に至るまでの年１割５分の割合による利息、弁済期以降完済までの年２割の遅延損害金をあわせてお支払いいただきたく、本書をもって催告いたします。

　なお、上記期間内にお支払いのない場合には、法的措置を講ずる所存であることを申し添えます。

　　平成○○年○月○日
　　　東京都○○区○○１丁目２番３号
　　　　　　　○○○○　印
東京都○○区○○３丁目４番５号
　　　　　　○○○○　殿

アドバイス

1　文例は、返済期を定めた貸金の返済を請求するものです。
2　本書面で記載すべきことは、①金銭消費貸借契約のなされた年月日、②元本金額、③利息と遅延損害金の割合などです。
3　金銭消費貸借契約のなされた年月日は、それを欠くと契約自体の成立を否定されかねないので注意してください。
4　弁済期と遅延損害金の割合を定めた場合は、借主に対して、元本と利息に加えて、弁済期の翌日から完済までの遅延損害金も請求できますので、元本、利息、遅延損害金の三者をいっしょに請求することを明示します。

020 貸金返済請求をする② （返済日の定めのない場合）

貸金返済請求書

　私は、貴殿に対して、平成〇年□月△日に金３００万円を弁済期の定めをせずに、利息年１割５分、との約定でお貸しいたしました。しかしながら、その後１年余を経過した現在、いまだまったく返済されておりません。

　何分、私のほうにも入用があり、それほどの資金的余裕がございません。

　よって、本書面到達後１０日以内に、上記貸付元本３００万円と、それに対する平成〇年□月△日から完済まで年１割５分の割合による利息を付してのお支払いを本書にて請求いたします。

　　平成〇〇年〇月〇日
　　　東京都〇〇区〇〇１丁目２番３号
　　　　　　　〇〇〇〇　　印
東京都〇〇区〇〇３丁目４番５号
　　　　　　　〇〇〇〇　　殿

アドバイス

1　文例は、いわゆる期限の定めのない（弁済期を定めない）貸金の返済請求です。このような場合、表題は「催告書」ではなく「返済請求書」となります。
2　本書面に記載する必要がある事項は、①金銭消費貸借契約のなされた年月日、②元本金額、③利息などです。
3　弁済期の定めがなく支払いを請求するまで遅延損害金は発生しませんので、それについては記載しません。
4　期限の定めのない金銭消費貸借債務は、返済について民法上、一定の猶予（１週間から１０日程度）を与えるものとされています。

021 時効により消滅した債権の支払いを拒絶する

　　　　消滅時効による支払拒絶通知

　返済期限を平成7年4月5日と定め、私が貴殿から借用した金10万円に関し、先般、貴殿から返済の請求がありました。

　しかしながら、上記貸金債権に関しては、返済期後も貴殿からの返済請求はなく、私からの返済もまったくなされないままでした。

　しかるに、今般、平成17年4月5日の徒過により、返済期より10年余が経過したことになります。

　よって、上記債権は時効により消滅したこととなり、私は本書面において時効の完成を援用します。

　従いまして、債権が消滅した以上、貴殿からの支払請求には応じられませんので、ご了承ください。

　　平成○○年○月○日
　　　　東京都○○区○○1丁目2番3号
　　　　　　　○○○○　印
　　東京都○○区○○3丁目4番5号
　　　　　　　○○○○　殿

アドバイス

1　本例は、債権の時効消滅を根拠として支払請求を拒否する書面です。消滅時効期間は原則として10年です（ただし商法上の債権〈商事債権〉では5年ですので注意してください）。

2　このような書面で記載すべき事項は、次のようになります。
①返済期限の明示
②返済期限から消滅時効に必要な期間（1を参照）が経過し、その間、時効の中断事由が存しなかったこと
③消滅時効の利益を受ける意思表示（これを援用といいます）

3　とくに援用の意思表示は重要で、書面に必ず記載してください。

022 時効消滅を主張する債務者に対して、債権者が時効中断を主張する

通知書

当社と貴社との間における平成12年3月5日付の売買契約において、貴社からの代金が未払いであることが判明いたしました。

そこで、平成17年4月1日付の書面にて、そのお支払いを請求したところ、貴社は同債務が時効で消滅しており、その履行を拒否する旨の回答をなされました。

しかし、再度、当社が確認したところ、上記売買の代金に関しては、時効期間満了前の平成13年5月6日に、貴社の方から支払猶予の申入れがなされていたという事実がありました。このような行為は、民法147条3号の承認に該当しますので、これにより上記売買代金債務の消滅時効は中断しております。従いまして、上記売買代金の消滅時効は、いまだ完成しておりませんので、直ちにその支払いをなされるよう請求いたします。

　平成17年7月7日
　　　東京都○○区○○1丁目2番3号
　　　　○○株式会社
　　　　代表取締役　○○○○　印
東京都○○区○○3丁目4番5号
　　　○○株式会社
　　　代表取締役　○○○○　殿

アドバイス

1　本例は、消滅時効の主張に対してその中断事由を指摘し、本来の債務の履行を請求する書面です。
2　このように時効の中断を主張する際は、以下の点を書面に記載します。
①相手方が、消滅時効を主張して債務の履行を拒否していること
②中断事由は、具体的に自分または相手のどの行為かの明示
③その行為が民法147条の中断事由のどの事項にあたるかを明記

023 債権者が連帯保証人に保証意思を確認する

> 通知書
>
> 　当社は、このたび、東京都○市△町□丁目×番を住所とする○○○○様に対して後記内容での貸付を行ないましたが、その際、貴殿には○○○○様の債務を連帯保証していただきました。
>
> 　念のため、後記貸付内容をご確認の上、何か事実と異なる点がございましたら、本書面到達後10日以内に当社へご連絡ください。上記期限内にご連絡がないときは、事実に相違なく、かつ貴殿の意思により連帯保証されたものとして扱わせていただきますので、ご承知おきください。
>
> 　　　　　　　　　記
> 　　貸付金額　　金800万円
> 　　貸付日　　　平成○年○月○日
> 　　返済期日　　平成□年□月□日
> 　　利息　　　　年1割4分
> 　　遅延損害金　年2割7分
> 　　連帯保証人　貴殿
>
> 平成○○年○月○日
> 　　東京都○○区○○1丁目2番3号
> 　　　　○○ローン株式会社
> 　　　　　代表取締役　○○○○　印
> 東京都○○区○○3丁目4番5号
> 　　　　　　○○○○　殿

アドバイス

1　本例は、連帯保証人が本当に自らの意思で連帯保証人となったかを確認する目的の書面です。このような書面が存在する理由は、主たる債務者が保証人の印鑑などを持参して勝手に連帯保証契約を締結する場合が多く、後でトラブルになりやすいからです。

2　本書面で必ず明記すべき点は、次のようなことです。

①主たる債務の貸付金額、返済日、利息、遅延損害金

②連帯保証人に対する「保証意思確認文言」。これは、一定の期間内に連帯保証人から異議（反論など）がない場合には、貸付人（債権者）は本書面の受領者を正当な連帯保証人とみなす旨の記載です。この記載が本書面で最も重要な記述といえます。

024 債権者が連帯保証人に支払請求をする

請求書

　当社は、貴殿の連帯保証のもとに東京都△△市□町○丁目×番を住所とする○○○○殿に対して後記の貸付を行ないました。

　しかしながら、既に返済期限を徒過しているにもかかわらず、現在に至るまで、○○○○殿より返済がなされておりません。

　従いましては、連帯保証人である貴殿においてその債務の履行として、元本および期日までの利息と、返済期日以降完済までの遅延損害金をあわせて、本書面到達後１０日以内にお支払いいだだくよう請求いたします。

記

　　貸付金額　　金○○○○万円
　　貸付日　　　平成○年○月○日
　　返済期日　　平成□年△月×日
　　利息　　　　年１割
　　遅延損害金　年２割４分
　　連帯保証人　貴殿

平成□年○月○日
　　東京都○○区○○１丁目２番３号
　　　　○○ローン株式会社
　　　　　代表取締役　○○○○　印
東京都○○区○○３丁目４番５号
　　　　　○○○○　殿

アドバイス

1　文例は、主たる債務者が借入金の返済をしない場合に、その代わりとして連帯保証人に債務の履行を請求するものです。
2　本書面で必ず記載しなければならないのは、以下の点です。
①主たる債務者の表示、その者に対する貸金の内容（貸金額、貸付日、返済期日、利息、遅延損害金）
②主たる債務者が返済していない「債務不履行」状態にあること
③連帯保証人は、主たる債務者と同一の債務を負い、その履行を請求していること
3　連帯保証人自身に対して「期間内にお支払いがないときは、貴殿に対して法的手段をとらせていただきます」というような文言を入れることで、同人に対するプレッシャーとして本書面をより効果的にすることもできます。

025 連帯保証人が債権者に対して保証債務の履行を拒絶する場合

通知書

　平成○年○月○日付請求書により、貴社の△△△△氏に対する後記貸付について、私が連帯保証人として返済するよう貴社から請求されました。

　しかしながら、そのような貸付に関し、私が保証をした事実は一切ございません。

　よって、私は、貴社の請求に応じる義務および意思もまったくありませんので、この点につき貴社においてご承知おきくださるよう、本書面にて通知いたします。

記

（貸付の表示）
　　債権者　　　○○ローン株式会社
　　債務者　　　△△△△氏
　　貸付日　　　平成○年□月△日
　　貸付金額　　○○○万円
　　利息　　　　年1割4分
　　遅延損害金　年2割7分
　　弁済期　　　平成□年×月△日

平成○○年○月○日
　　東京都○○区○○1丁目2番3号
　　　　　　　　○○○○　印
東京都○○区○○3丁目4番5号
　　○○ローン株式会社
　　代表取締役　○○○○　殿

アドバイス

1　本例は、債権者から連帯保証人として債務の履行を求められた場合、それを拒絶するための書面です。

2　本書面で必ず記載すべきことは、以下のとおりです。

①請求してきた債権者を名宛人とすること
②主たる債務者の氏名、その者に対する貸付の具体的内容
③自分が連帯保証人として債務の履行を請求されていること
④債権者主張の事実をきっぱりと否定すること
⑤自分には連帯保証人としての「義務」とその債務を履行する「意思」がないことを明確に主張すること

026 連帯保証人が他の連帯保証人に負担部分の支払いを求める

請求書

　私は、△△△△氏の〇〇信用金庫からの後記借入れに関し、貴殿とともに同氏の委託を受けて、連帯保証人となっておりました。

　しかしながら、返済期日である平成〇年□月△日を経過するも、△△△△氏が返済をしないため、先般、あらかじめ貴殿に通知したとおり、当方は、〇〇信用金庫の請求に応じ、平成□年□月□日に連帯保証債務の履行として全260万円を弁済いたしました（金額260万円のうち元本220万円、利息30万円、遅延損害金10万円）。

　負担部分については、貴殿と私の間では格別の約定もなく、民法456条により平等の割合と解されます。

　よって、私は貴殿に対し、上記弁済額の2分の1である金130万円およびこれに対する弁済日以降完済までの年5分の利息をあわせて支払われるよう請求いたします。

　なお、本書面到達後20日以内にお支払い、あるいは誠意ある弁済案の提示がないときには、法的措置を講ずる所存であることを申し添えます。

記

（貸付債務の表示）
1　貸主　　　　〇〇信用金庫

アドバイス

1　本例は、2人の連帯保証人がいるケースで、その1人が主たる債務者に代わって債務の履行をした場合に、他の連帯保証人に負担部分の支払いを求める書面です。
　連帯保証というのは、保証人が主たる債務者と連帯して債務を弁済（返済）する義務を負うものです。債権者は連帯保証人にいきなり履行を請求することができるなど、通常の保証よりも債権者にとって有利なため、保証人をつける場合には連帯保証とするのが一般的です。
2　連帯保証人の1人が債務を弁済した場合、他の連帯保証人に対して負担部分の支払いを請求することができます。これを「求償」といいます。複数の連帯保証人がいる場合、それぞれの負担部分は平等であるのが原則です。
　求償の相手方に対しては弁済する前と後に

> 2　貸付日　　　平成△年×月○日
> 3　借受人　　　△△△△氏
> 4　貸付金額　　２２０万円
> 5　返済期日　　平成○年□月△日
> 6　利息　　　　年１割２分
> 7　遅延損害金　年１割７分
>
> 　平成○○年○月○日
> 　　　東京都○○区○○１丁目２番３号
> 　　　　　　　　　○○○○　印
> 東京都○○区○○３丁目４番５号
> 　　　　　　　　　○○○○　殿

通知をする必要があります。通知を怠ると求償権が制約されます。
3　本書面で必ず記載すべき事項は、以下のとおりです。
①連帯保証人が、主たる債務者の委託を受けて保証人となったこと
②主たる債務者の債務不履行により、債権者から一方の連帯保証人が代わりに返済するように求められたこと
③債権者の求めに応じて、一方の連帯保証人が債権者に主たる債務者の債務を全額弁済したこと
④弁済について、事前に他方の連帯保証人に通知してあること
⑤連帯保証人同士の間に、その負担額について特別の約定がなく、分別の利益（各保証人の負担額を頭割りにすること）が働くこと

027 期限の利益の喪失により、分割債務の支払いを求める

　　　　　支払請求書
　すでにご承知のように、私と貴殿の間では、去る平成○○年○月○日、返済方法を翌月より毎月末日限り１０回の分割払いとし、利息年５％、遅延損害金年１０％、１度でも履行遅滞があれば期限の利益を喪失する旨の特約付きで、金２００万円の金銭消費貸借契約を締結しました。
　ところが、先月末日において、貴殿よりの分割弁済金の支払いが履行されていませんでした。そのため、約定により貴殿は期限の利益を喪失しました。つきましては、本書面到達後７日以内に、元金残額○○○万円、未払利息○万円、元金残額に対する平成○○年○月○日から完済までの年１０％による遅延損害金をお支払いいただくよう請求いたします。
　なお、上記期間内に履行なき場合には、法的措置を取らせていただくことを、念のため申し添えておきます。

　　平成□□年□月□日
　　　○○県○○市○○町○丁目○番○号
　　　　　　　　　　○○○○　　印
　○○県○○市○○町○丁目○番○号
　　　　　　　　　○○○○　　殿

アドバイス

1　分割払いの方法をとった場合、そのうちの１回だけでも支払いが遅れた場合には、そのときから分割払いではなく、債務を全額支払う義務が発生するとする条項が規定されることがあります。これを「期限の利益喪失条項（約款）」といいます。
2　分割払いの貸金契約（正確には金銭消費貸借契約）では、この期限の利益喪失条項（約款）が規定されるのが通常です。期限の利益を失うケースとしては、支払いが遅れた場合のほか、手形が不渡りになったり、強制執行を受けたりした場合などが挙げられます。

028

借主の相続人に対する貸金返還請求をする

貸金返還請求書

　私は、平成○○年○月○日に、貴殿らの被相続人である故○○○○殿に対して、返済期日平成□□年□月□日、利息年○％、遅延損害金年○％として、金３００万円をお貸しいたしました。

　このたび、○○○○殿の訃報に接したため、相続人である貴殿らに対して、法定相続分に従った債務のお支払いを履行していただきたく、本書面をもって催促させていただく次第です。

　何卒、よろしくお願い申し上げます。

　　平成△△年△月△日
　　　○○県○○市○○町○丁目○番○号
　　　　　　　　○○○○　印
　△△県△△市△△町△丁目△番△号
　　　　　　　　△△△△　殿
　□□県□□市□□町□丁目□番□号
　　　　　　　　□□□□　殿
　◇◇県◇◇市◇◇町◇丁目◇番◇号
　　　　　　　　◇◇◇◇　殿

アドバイス

1　借金をしている債務者が死亡すると、原則として、その相続人が債務を相続します。相続人が複数の場合、法定相続分に従って、金銭債務を分割して相続することになっています。

　たとえば、妻と子供２人が相続人で、借金が２００万円であれば、妻が１００万円、子供がそれぞれ５０万円ずつ債務を引き継ぐことになります。

　もっとも、相続人の間で法定相続分とは異なった相続分が決められた場合は、それに従います。

2　利息や返済期限なども、そのまま引き継がれることになります。

029 債権者の相続人が債務者に債権を相続したことを通知する

通知書

　去る平成□□年□月□日、私の父□□□□が他界いたしました。その後に相続人間で行なわれた遺産分割協議の結果、下記金銭消費貸借契約に基づく故□□□□の貴殿に対する債権その他の権利義務関係一切は、私が相続することになりました。

　つきましては、債務の弁済に関しては、以後、私の住所地までご持参いただくようよろしくお願い申し上げます。

　なお、遺産分割協議書の写しは別途、送付させていただきます。

記

1　契約日　　　平成△△年△月△日
2　当事者　　　貸主　□□□□
　　　　　　　　借主　◇◇◇◇
3　債権額　　　金２５０万円
4　利息　　　　年１０％
5　返済期日　　平成□□年□月□日
6　遅延損害金　年１５％

　平成○○年○月○日
　　　　○○県○○市○○町○丁目○番○号
　　　　　　　　○○○○　印
△△県△△市△△町△丁目△番△号
　　　　　　◇◇◇◇　殿

アドバイス

1　貸金契約による債権を相続した場合には、できるだけ早期に債務者に通知しておくべきです。その際、相続の事実を証明するために、遺産分割協議書の写し（コピー）を別途郵送しておくとよいでしょう。
2　債権の内容を確認しておくために、文例にあるように、契約内容も記載しておきます。
3　銀行振込などに支払方法を変更する場合には、口座番号なども記載しておきます。

030 債権を第三者に譲渡した場合の譲渡人から債務者への通知

債権譲渡通知書

　当社が貴社に対して有する後記貸付債権に関し、平成○○年○月○日付譲渡契約によって、東京都△△区△△×丁目×番×号を住所とする△△△株式会社（代表取締役○×○×）に譲渡いたしました。

　よって、本書面においてその譲渡を通知いたします。

　従いまして、今後は後記貸付債権の弁済を△△△株式会社に対してなされるようお願いいたします。

記

（貸付債権の表示）
　　　貸付日　　　平成□□年△月○日
　　　貸付金額　　金○○○万円
　　　返済期日　　平成○年□月△日
　　　利息　　　　年1割
　　　遅延損害金　年2割4分

　平成○○年○月○日
　　東京都○○区○○1丁目2番3号
　　　　○○商事株式会社
　　　　　代表取締役　○○○○　印
　東京都○○区○○3丁目4番5号
　　　　○○株式会社
　　　　　代表取締役　○○○○　殿

アドバイス

1　本例は、債権者がその有する貸付債権を第三者に譲渡した場合の「債権者から」の通知です（譲渡禁止特約がないとき）。
2　債権譲渡の事実を債務者以外の第三者に対抗（主張）するためには、確定日付のある証書（内容証明郵便など）によって通知しなければなりません。
3　書面に必ず記載すべき事項は、①譲渡の事実、②特定の譲渡相手、③譲渡債権の内容（譲渡債権の特定）、などです。
4　さらに、二重弁済を避けるためにも譲渡後は譲受人に弁済（返済）してほしい旨を記載しておくべきでしょう。

031 返済されない売買代金債権と貸付債権を相殺する場合の通知

相殺通知および請求書

当社の貴社に対する債権(自働債権とする)と貴社の当社に対する債権(受働債権とする)の内容は後記のとおりですが、当社の有する貸付債権(自働債権)については、返済期を徒過しているにもかかわらず、まったく返済がなされていません。

よって、本日付で両債権を対当額にて相殺しましたので、本書面にて通知いたします。

従いまして、貴社の売買代金債権(受働債権)は全額消滅し、貴社に対して当社が有する貸付債権(自働債権)の残額は金300万円となります。

なお、上記残金に関しましては、本書面到達後10日以内にお支払いいただくよう、あわせて本書面にて請求いたします。

記

(相殺適状の表示)
1　貴社に対する当社の債権(自働債権)
　　　貸付金額　　金600万円
　　　貸付日　　　平成○年△月△日
　　　返済期日　　平成□年△月○日
　　　利息　　　　年1割
　　　遅延損害金　年2割
2　当社に対する貴社の債権(受働債権)
　　　売買契約日　平成○年○月○日

アドバイス

1　本例は、対立する債権を両当事者が持っている場合の相殺通知と相殺後の残額を請求する書面です。

相殺というのは、2人の者が互いに相手に対して同種の債権を持っている場合に、対当額でその債権を消滅させることです。それぞれの債権を別個に取り立てるよりも簡易な決済を図ることができます。また、相手方の資力が悪化した場合でも、確実に債権回収を図ることができます。

2　このような相殺通知では、①相殺する側の債権(自働債権)、②相殺される側の債権(受働債権)を特定して明示することが必要です。その際には、相殺適状にあることも記載してください。

相殺適状というのは、相殺することができる状態にあることを意味します。つまり、当事者間に同種の債権が対立して存在し、両債

　　　　　商品名　　　○○○○　○○個
　　　　　売買代金　　金３００万円
　　　　　支払日　　　平成△年△月△日

　　平成○○年○月○日
　　　　東京都○○区○○１丁目２番３号
　　　　　○○商事株式会社
　　　　　　代表取締役　　○○○○　印
　　東京都○○区○○３丁目４番５号
　　　　○○株式会社
　　　　　代表取締役　　○○○○　殿

権がともに弁済期（返済期限）にあるということです。
　　もっとも、受働債権については期限の利益を放棄することができるので、弁済期に達していなくてもかまいません。
3　また、相殺は意思表示によって効力を生じますので、文中に必ず「相殺する」旨の記載をする必要があります。
4　相殺後に自働債権に残額がある場合には、相殺の通知とともにその残額の請求を忘れないように記載します。

032 不動産の売主が代金全額を払わない買主からの明渡請求を拒絶する

留置権行使通知書

　後記不動産に関し、貴殿は○○○氏から購入された旨を主張されています。ところが、同不動産に関しましては、私が所有していたところ、平成○年□月△日に○○○氏に金3000万円で売却したもので、その後に○○○氏が貴殿に同不動産を売却したものです。

　しかし、私は○○○氏より売買代金の一部として2500万円を受領したのみで、残金の500万円はいまだ受領しておりません。

　同不動産に関しては、現に私が占有しておりますが、残代金を受領するまで同不動産につき留置権を行使し、貴殿の明渡請求を拒絶いたします。

記

（不動産の表示）
　　所在　東京都○○市△町1丁目
　　地番　321番1
　　地目　宅地
　　地積　160平方メートル

平成○○年○月○日
　東京都○○区○○1丁目2番3号
　　　　　　　○○○○　印
東京都○○区○○3丁目4番5号
　　　　　　　○○○○　殿

アドバイス

1　本例は、自己所有地を売却したところ、買主が代金全額を払わずに第三者に譲渡したため、残代金債権を保全する目的で、留置権を行使し、当該不動産の譲受人からの明渡請求を拒絶する書面です。
　留置権というのは、他人の物を占有していて、その物に関する債権が生じた場合は、債権の弁済を受けるまでその物を留置することができる権利です。

2　留置権を主張するための書面に必ず記載する必要があるのは、以下の事項です。
①自分が他人の物を占有している者であること
　本書面の発信者は、現に土地を占有していますが、本件土地の所有者ではありません。
②その物について生じた債権を持つこと
　発信者は、当該不動産に関する未払代金債権を持っています。

033 担保権者が返済期に履行できなかった債務者に仮登記担保の実行通知をする

仮登記担保権実行通知

　当社は、貴社に対し平成〇年〇月〇日に金3000万円を貸し付ける際に、貸付契約締結とともに、その担保として貴社所有の後記不動産に対し、同日付で当社を権利者とする代物弁済予約をなし、仮登記いたしました。

　しかしながら、上記貸付の返済期を徒過し現在に至るも、貴社からは何ら返済がなされていません。よって、当社は後記不動産の所有権を取得するため、上記代物弁済予約にもとづいて予約完結の意思表示を本書面により行ないます。また、本書面にて仮登記担保法第2条が定める清算金見積額を貴社に提示し、仮登記担保権を実行することもあわせて通知いたします。

記

一　債権の表示
　貸付金額　　金3000万円
　貸付日　　　平成〇年〇月〇日
　返済期日　　平成〇年□月△日
　利息　　　　年1割
　遅延損害金　年2割
二　不動産の表示
　所在　東京都〇〇区〇〇町〇丁目
　地番　〇〇番〇
　地目　宅地

アドバイス

1　本例は、代物弁済予約による仮登記担保において、予約完結権を行使して仮登記担保権を実行する場合の書面（仮登記担保法2条の通知）です。
　　代物弁済予約というのは、債務の弁済（返済）がなされない場合に、不動産などの所有権を債権者に移転することを予約することです。仮登記担保は、債権回収を確実にするために、代物弁済予約や停止条件付代物弁済予約（債務者が弁済しないことを条件とする代物弁済契約）に基づいて、将来の所有権移転請求権を仮登記することです。
2　仮登記担保は、抵当権を実行する場合の面倒な競売手続きを避けるために広く利用されています。
　　債務者が弁済を怠ると、債権者は予約完結の意思表示を行ない、債権額や土地の見積額、清算金の額を債務者に通知します。この通知

地積　〇〇〇・〇〇平方メートル
　三　清算金見積額
　　1　本通知到達後2か月経過時の上記土地の見積額　　金5000万円
　　2　右時点の充当債権額および費用合計
　　　　　　　　　　金3500万2250円
　　（内訳）
　　　元本　　　　　　金3000万円
　　　利息　　　　　　金300万円
　　　遅延損害金　　　金180万円
　　　内容証明郵便代　金2250円
　　　不動産鑑定士費用　金20万円
　　3　清算金　金1499万7750円

　平成〇〇年〇月〇日
　　東京都〇〇区〇〇1丁目2番3号
　　　　〇〇商事株式会社
　　　　　代表取締役　〇〇〇〇　印
　東京都〇〇区〇〇3丁目4番5号
　　　　〇〇株式会社
　　　　　代表取締役　〇〇〇〇　殿

アドバイス

が到達してから2か月後に所有権移転の効果が発生します。

3　このような書面では、以下のような記載が必要になります。
①金銭消費貸借契約がなされたこと
②その際、担保として代物弁済予約もなされたこと
③同時に、②についての仮登記がなされたこと（設定不動産の表示を含む）
④予約完結権の意思表示をなすこと
⑤同法2条の要求する清算金見積額を提示すること

034 先順位担保権者が仮登記担保を実行する場合にする後順位担保権者への通知

仮登記担保権に関する通知

　当社は、△△株式会社に対し、後記貸付債権を有しており、その担保として同社所有の後記土地に対し、代物弁済予約の仮登記を有する仮登記担保権者です。

　ところが、後記貸付債権の返済が滞ったため、当社は平成○年□月□日付書面にて、上記代物弁済契約の相手方である債務者△△株式会社に対し、予約完結権の行使による仮登記担保権の実行と、仮登記担保法2条の規定に基づく清算金の見積額を後記内容のように通知いたしました。

　なお、債務者への同通知は、平成○年□月×日に債務者である△△株式会社に到達しております。よって、同法5条1項に基づき、登記上の利害関係人である後順位抵当権者の貴社に通知いたします。

記

一　債権の表示
　　貸付金額　　金3000万円
　　貸付日　　　平成○年○月○日
　　返済期日　　平成○年□月△日
　　利息　　　　年1割
　　遅延損害金　年2割
二　不動産の表示
　　所在　東京都○○区○○町○丁目

アドバイス

1　本例は、仮登記担保権を実行する場合の「後順位担保権者」に対する通知書面です。後順位担保権者とは、担保のための仮登記がなされた後に同じ不動産に質権や抵当権などの登記をしている者のことです。

2　通知する理由は、担保不動産に利害関係を持つ後順位の担保権者に仮登記担保権を実行した旨を知らせて保護するためです。つまり、この通知によって後順位の担保権者は清算金の有無や額を知ることができ、清算金の額に不服がある場合には、自ら競売の申立てをすることができます。後順位の担保権者によって競売が申し立てられたときには、仮登記担保の実行はできなくなり、競売手続きに移ります。

3　本書面に記載すべき内容は、①仮登記担保権を実行したこと、②仮登記担保法2条で要求される見積額を債務者に通知したこと、さ

地番　○○番○
　　　地目　宅地
　　　地積　○○○・○○平方メートル
　三　清算金見積額
　　1　本通知到達後2か月経過時の上記土地の見積額　　金5000万円
　　2　右時点の充当債権額および費用合計
　　　　　　　　金3500万2250円
　　　（内訳）
　　　　元本　　　　　　金3000万円
　　　　利息　　　　　　金300万円
　　　　遅延損害金　　　金180万円
　　　　内容証明郵便代　金2250円
　　　　不動産鑑定士費用　金20万円
　　3　清算金　金1499万7750円

　　平成○○年○月○日
　　　東京都○○区○○1丁目2番3号
　　　　　○○商事株式会社
　　　　　　代表取締役　○○○○　印
　東京都○○区○○3丁目4番5号
　　　　○○株式会社
　　　　　代表取締役　○○○○　殿

アドバイス

らにその通知が債務者に到達した年月日、③②の通知の内容、です。

4　後順位担保権者に対する通知に関しては、同法5条1項によることと、通知相手の不動産に対する権利も明示しておきます。

第4章

会社経営にまつわる基本文例

035 払込みをしない株式引受人に、発起人が株金払込請求をする

　　　　　　　通知書
　貴殿は、当社が設立に際して発行する普通株式のうち○○株を引き受けておられますが、払込期日たる平成○年○月○日を経過した現在においても、いまだ払込取扱銀行である△△銀行□支店に右株式に関する株金額の払込みをなされておりません。
　つきましては、平成○年□月△日までに上記株金額の全額を払い込まれたくご通知申し上げます。
　もし、上記期日までに払込みがなされない場合には、商法第179条2項の規定に従いまして、貴殿が引き受けられた上記株式に関する権利が失われる旨を申し添えます。

　平成○○年○月○日
　　　東京都○○区○○1丁目2番3号
　　　　　○○株式会社
　　　　　発起人総代　○○○○　印
東京都○○区○○3丁目4番5号
　　　　　　○○○○殿

アドバイス

1　本例は、払込期日を経過しても払込みをしない株式引受人に対して、払込みを催告するとともに、失権告知を兼ねた書面です。失権告知にもかかわらず株式引受人が払込みをなさないときは、株式引受人としての地位を失います。
2　この書面で記載すべきことは、以下のようになります。
①未払引受人が確かに株式を引き受けた旨の指摘
ここで、具体的に引受株の種類・数を明記します。
②払込期日を経過しても、払込取扱銀行に株金額の全額の払込みがなされていないこと
③一定の期日を定めて、それまでに全額の払込みをするようにという催告
④その期限までに、払込みがない場合には、株式引受人としての地位を失う旨の失権告知

036 発起人の任務懈怠について、株主が発起人に損害賠償請求をする

請求書

　私は貴殿ら発起人が設立を図った□□株式会社の普通株式○○株を引き受け、株金額を全額払い込んだ者です。

　しかしながら、貴殿ら発起人は□□株式会社の発起人として設立手続きに従事しつつも、商法の規定に反し、同社の設立につき実際の払込みがないにもかかわらず、それを仮装し、株金額全額の払込みがあったかのような外形を作出して設立登記にまで至りました。

　ところが、このような重大な瑕疵ある手続きに基づく設立に対し、商法428条の設立無効の訴えを招来し、ついに平成○年○月○日には□□株式会社の設立無効の判決が確定しました。

　これにより私所有の株式はまったく価値を失いましたが、これは貴殿ら発起人が悪意により払込みを仮装し、設立無効を来したことに起因します。

　ついては、私が被った損害である金○○○万円につき連帯して賠償することを商法193条2項により請求いたします。

平成○○年○月○日
　東京都○○区○○1丁目2番3号
　　　　　○○○○　印

アドバイス

1　本例は、会社設立に関する発起人の任務懈怠が悪意または重過失に基づく場合に、第三者が発起人に対して、損害賠償を請求する書面です。発起人というのは、株式会社の設立の企画者として定款（会社の根本規則）に署名した人のことです。
　悪意とは「任務懈怠を知りながらあえて」という意味であり、重過失とは「重大な不注意で任務を怠ること」を意味します。

　本来、第三者に対しては不法行為が成立しない限り責任を負わないはずですが、商法193条2項は第三者を保護するために、悪意または重過失により任務を懈怠した発起人に対してとくに責任を課しています。

2　書面に記載すべき事項は、次のようになります。
①損害賠償請求者（書面発信者）が株式引受人等の第三者であること

東京都□□区○○2丁目1番2号
　　□□株式会社　発起人　○○○○　殿
東京都○○区○○5丁目6番7号
　　　同　　　　　　　　□○□○　殿
東京都○○区△□4丁目2番3号
　　　同　　　　　　　　△□○○　殿

アドバイス

②設立について発起人に任務懈怠があり、かつ発起人に悪意・重過失があったこと
　この点は、発起人の具体的行為を摘示して、それに関して悪意・重過失があった旨を記載します。
③その任務懈怠により、引き受けた株式が無価値となり、損害が生じたこと（損害の発生と任務懈怠との因果関係）
④発起人らに対して、「連帯して」損害賠償をするようにという請求

037 株主が会社に対して株券の発行請求をする

株券発行請求書

　私は貴社の普通株式○○株を正当に所有する株主ですが、貴社は成立後6か月が経過するも、いまだに株券の発行をなされておりません。

　よって、早急に株券を発行し、私に普通株式○○株を表章する株券を交付していただきたく本書面にて請求します。

　なお、株券の発行遅滞は商法第226条第1項違反であり、もし、本請求にもかかわらず株券が発行されない場合には、貴社取締役の法令違反を理由として必要な法的措置を講ずる所存である旨を申し添えます。

　　平成○○年○月○日
　　　東京都○○区○○1丁目2番3号
　　　　　　　　　　○○○○　　印
　　東京都○○区○○3丁目4番5号
　　　○○株式会社
　　　代表取締役　　○○○○　　殿

アドバイス

1　本例は、会社が成立したのに株券が発行されない場合に、その発行を会社へ催告する書面です。なお、株式譲渡制限会社では株主から株券発行の請求がなければ、株券を発行する必要はありません。また、定款で株券を発行しないと定めてある会社も、株券を発行する必要はありません。

2　この書面で記載すべき事項は、次のようになります。

①会社が成立していること
②発信者（請求者）が正当な株主であること
　その際、自分が所有する株式の種類とその数を明記します。
③株券の発行が不当に遅滞されていること
　成立後「どのくらいの期間」株式が発行されていないかを明確に記載します。
④株券の発行遅滞が商法第226条第1項の明文に反することの指摘

038 株主が会社に対して株券不所持の申出をする

　　　　　株券不所持申出書
　私は貴社の普通株式〇〇株を所有する株主ですが、上記株式については、株券の所持を欲しておりませんので、商法第２２６条ノ２第１項の規定に従い、その旨を申し出ます。また、現在、私の所有している上記株式については貴社に提出いたします。
　なお、この申出につきましては、同条第２項に従い、遅滞なく株主名簿に記載または記録するようお願いいたします。

　平成〇〇年〇月〇日
　　東京都〇〇区〇〇１丁目２番３号
　　　　　　　　　　〇〇〇〇　印
東京都〇〇区〇〇３丁目４番５号
　　〇〇株式会社
　　代表取締役　〇〇〇〇　殿

アドバイス

1　本例は、株主が会社に対して株券の発行をしないように申し出る株券不所持制度に関する書面です。この制度の目的は、株券を紛失して第三者の手に渡ってしまう危険性を避ける点にあります。必ずしも内容証明郵便にする必要はありませんが、後日のトラブルに備えて内容証明郵便を利用してもいいでしょう。

2　この書面で記載すべき内容は、以下のとおりです。

①発信者が、正当な株主であることの記載
　このとき、所有する株式の種類と数を明示します。

②商法第２２６条ノ２第１項に基づく申出であること
　同時に、自分が所有する株式については、会社に返還することも記載します。

039 株主が会社に取得株式の名義書換請求をする

名義書換請求書

　私は、貴社の株主であった○○○○殿から、平成○○年○月○日、貴社の株式１０００株を譲り受けました。

　平成○○年○月○日に貴社に株券を呈示し、名義書換を求めたところ、正当な理由もなく拒絶されました。

　本書面により、あらためて、株式取得者である私の氏名・住所を貴社の株主名簿に記載していただくよう請求いたします。

　　　　　東京都○○区○○５丁目６番７号
　　　　　　　　○○○○　　印
東京都○○区○○３丁目４番５号
　○○株式会社
　代表取締役　　○○○○　殿

アドバイス

1　本例は、株式の譲受人が会社に対して名義書換を請求する文面です。株主名簿とは、株主と株券に関する事項を明らかにするための帳簿です。名義書換とは、株券を呈示して株主名簿上の名義を変更することです。

2　株式の譲渡があっても、株主名簿に取得者の氏名・住所が記載されなければ、自分が株式を譲り受けたということを会社に主張できません。

3　株式の譲受人が株券を呈示して名義書換を求めた場合、会社は正当な理由もなくそれを拒むことはできません。会社が名義書換に応じない場合には、内容証明郵便で請求するとよいでしょう。

040 株主が会社に対して株式譲渡の承認請求をする

株式譲渡承認請求書

　私は、自己所有にかかる貴社の普通株式３００株を東京都○○区○○×丁目×番×号を住所とする△△株式会社（代表取締役△△△△氏）に譲渡したいので、商法第２０４条ノ２第１項に従い、本件譲渡に関する貴社の承諾を請求いたします。

　もし、譲渡を承認されない場合には、貴社において、他に譲渡の相手方を指定されるようにあわせて請求いたします。

　　平成○○年○月○日
　　　東京都○○区○○１丁目２番３号
　　　　　　　　　○△○△　　印
東京都○○区○○３丁目４番５号
　　○○株式会社
　　代表取締役　　○○○○　　殿

アドバイス

1　本例は、定款により株式の譲渡制限がある会社において、株式の譲渡承認を会社に求める書面です。
2　この書面で記載すべきことは、次のようになります。
①発信者が、当該会社の株式を所有している株主であること
②譲渡相手の記載
　相手方の氏名（または会社名）と住所を記載します。
③所有している株式のうち、どの種類の株式を何株譲渡するのかという点
　これも会社にとって重要なので明確に示します。
④会社が譲渡を認めない場合には、別の譲受人を会社が指定する旨の請求
⑤以上が、商法第２０４条ノ２第１項に基づく請求である旨の記載

041 会社から株主にする株式譲渡の申出に対する回答

株式譲渡不承認通知書

このたび、貴殿から平成○年○月○日付書面をもって当社の普通株式３００株を譲渡することに関する承認請求がございましたが、遺憾ながら、上記株式譲渡につきましては、平成○年□月△日開催の当社取締役会において、承認しない旨決定いたしました。

同取締役会においては、上記株式譲渡の相手方として、東京都○○区○○×丁目×番×号を住所とする○○○○氏を指定いたしましたので、あわせてご通知申し上げます。

なお、○○○○氏より１０日以内に貴殿に対して書面にて株式売渡請求があります。つきましては、その請求後１週間以内に上記譲渡にかかる株券を東京法務局に供託し、その旨を○○○○氏にご通知ください。なお、売買価格は貴殿と○○○○氏との協議によって定めるものとします。

平成○○年○月○日
　東京都○○区○○１丁目２番３号
　　○○株式会社
　　代表取締役　○○○○　印
東京都○○区○○３丁目４番５号
　　○△○△　殿

アドバイス

1　本例は、譲渡の承認請求に対し、その不承認と代わりの譲受人を指定する通知です。
2　この書面の記載事項は、以下のとおりです。
①承認請求の内容を示し、取締役会の決議で承認しない決定をした旨の通知
②その取締役会では、代わりの譲渡先も決定したこと及び「その者の住所・氏名」の通知
③以下は、記載がなくても効力に影響しませんが、後々のために記載したほうがよい事項です。

- 指定された譲受人から譲渡人に売渡請求があること
- 譲渡人はその請求を受けて株券を供託（法務局に預けること）し、そのことを指定譲受人に通知すべきこと
- 株式の売買価格は、両者の協議によること

042 譲渡の相手方に指定された者が、会社に株式売渡請求をする

株式売渡請求書

　私は、○○株式会社から平成○年□月△日に貴殿所有の同社株式３００株に関し、その譲渡の相手方と指定されました。従いましては、商法第２０４条ノ３第１項によって上記株式を私に売り渡されることを請求いたします。

　なお私は、以下のとおり商法第２０４条ノ３第３項に従い、○○株式会社の最終の貸借対照表（平成○年３月３１日）による純資産額を、発行済株式総数（１５万６０００株）をもって除した額に対して、株式数（３００株）を乗じた額である金２３４５万６７００円を東京法務局に供託いたしました。

　これを証するため、本請求書の添付書類として、同供託書を別便にて送付いたしましたのでよろしく御査収ください。

　　平成○○年○月○日
　　　東京都○○区○○１丁目２番３号
　　　　　　　　○○○○　印
東京都○○区○○３丁目４番５号
　　　　　　　　○△○△　殿

アドバイス

1　本例は、譲渡不承認に際し会社から指定された譲受人から譲渡人への株式売渡請求の通知です。
2　この書面で記載すべきことは、以下のとおりです。
①発信者は、自分が会社から株式譲受人に指定された者であり、本書面が商法第２０４条ノ３第１項に基づく売渡請求通知であること
②発信人（指定譲受人）が同法第２０４条ノ３第３項の要件を満たす旨の通知を譲渡人に送付したことの記載
　a）その会社の最終の貸借対照表
　b）a）の純資産額を算出
　c）b）を当該会社の「発行済株式総数」で割った値を算出
　d）c）の値に譲渡する株式数を掛けた値を算出
　e）d）に相当する金額を供託する

043 株主が株主総会招集を請求する

株主総会招集請求書

　私は、貴社の総株主の議決権（5万個）の100分の3以上にあたる1700個の議決権を本日まで6か月以上継続して保有している株主です。つきましては、商法237条1項の規定に基づき、下記のとおり株主総会を招集されるよう請求いたします。

記

1　会議の目的たる事項

　　取締役△△△氏および□□□氏の解任およびその後任者選任の決議の件

2　招集の理由

　　取締役△△△氏は、取締役会の承認を得ることなくたびたび自己所有地を相場より高値で会社に譲渡しており、会社に損害を与えている。□□□氏は、今般○×工業の取締役に就任したが同社は貴社と競合関係にあり、機密事項が漏洩する可能性が高い。よって、両名を解任し、その後任者を選任する必要がある。

　平成○○年○月○日

　　　東京都○○区○○1丁目2番3号

　　　　　　○○○○　印

東京都○○区○○5丁目6番7号

　　○○株式会社

　　代表取締役　○○○○　殿

アドバイス

1　本例は、株主による株主総会招集請求の通知書面です。

2　この書面に記載すべき事項は、以下のようになります。

①発信者が6か月前より引き続き総株主の議決権の100分の3以上にあたる議決権を持つ株主であることを、実際に数字をあげて示すこと

②商法第237条に基づく請求であること

③会議の目的としたい事項とそれに関連する招集理由

- 会議の目的事項
- 具体的に記載します。単に、「○○の件」という程度の記載では認められません。
- 招集理由
- 目的事項について、なぜ臨時に株主総会を開いて決議する必要があるのか、その理由を相当程度詳しく述べます。

044 株主が株主総会に総会議題の提案をする

株主総会議題提案通知書

　私は、貴社の総株主の議決権（5万個）の100分の1以上にあたる700個の議決権を、本日まで6か月以上継続して保有している株主です。

　つきましては、商法第232条ノ2第1項に基づき、下記事項を平成○年○月○日に開催予定の定時株主総会において会議の目的とされたく、かつ、これを同株主総会招集の通知に記載されるよう請求いたします。

記

1　議題　支店閉鎖の件
2　議案　△△支店を閉店する件
3　理由　△△支店は、貴社210余の支店のうち、採算性、収益力、将来性のどれをとっても改善する見込みはまったくないので、これを閉店とするほうが会社の利益となるから。

　　平成○○年○月○日
　　　東京都○○区○○1丁目2番3号
　　　　　　　　○○○○　印
東京都○○区○○5丁目6番7号
　　　○○株式会社
　　　代表取締役　○○○○　殿

アドバイス

1　本例は、株主が株主総会に議題や議案を提案するための通知です。
2　この書面に必要な記載事項は、以下のようになります。
①発信者が6か月前から引き続き総株主の議決権の100分の1以上にあたる議決権または300個以上の議決権を持つ株主であること
　100分の1以上にあたることは、具体的数字をあげて示します。
②議題または議案の追加であること
　たとえば、ある取締役を解任したい場合には、議題は「取締役解任の件」となり、議案は「取締役○○氏解任の件」と具体的になります。本書面を送付する場合には、両方記載するほうがよいでしょう。

045 株主が会社に帳簿閲覧請求をする

帳簿閲覧請求書

　私は、貴社の総株主の議決権（５万個）の１００分の３以上である１７００個の議決権を保有している株主です。

　つきましては、商法第２９３条ノ６第１項に従い、下記のとおり帳簿類の閲覧並びに謄写を行なうことを請求いたします。

記１（閲覧を求める理由）

　貴社製品の一部が、取締役営業本部長△△○○氏により、正規販売ルートを経由せず、不当に廉価で販売されているとの風評があり、それが事実であれば、貴社には大きな損害を与え、ひいては株主の利益を害するから。

記２（閲覧・謄写の対象）

　貴社第２５決算期および第２６決算期の会計帳簿および会計書類

記３（閲覧の日時）

　　　日時　平成○○年○月○日午後△時頃
　　　場所　貴社本社

　平成○○年○月○日
　　　東京都○○区○○３丁目４番５号
　　　　　　　　○○○○　　印
東京都○○区○○５丁目６番７号
　　　○○株式会社
　　　代表取締役　　○○○○　　殿

アドバイス

1　本例は、株主が会社の会計帳簿類の閲覧や謄写（コピー）を求める場合の書面です。
2　この書面に記載が必要な事項は、以下のとおりです。

①発信者（請求者）が総株主の議決権の１００分の３以上にあたる議決権を持つ株主であること
　１００分の３以上にあたる点については、数字をもって示します。

②請求の理由が書面に記載されていること
● 理由の内容
　会社ひいては株主の利益が害されていることを具体的に示す必要があります。
● 閲覧請求の対象
　閲覧・謄写を請求する帳簿類も具体的に記載する必要があります。「○○に関する帳簿一式」のような包括的記載は認められません。

③閲覧・謄写の日時と場所を特定する記載

第４章　会社経営にまつわる基本文例

046 株主から帳簿閲覧請求をされた会社側からの回答

回答書

　貴殿より当社に対する平成○○年○月○日付書面による帳簿閲覧請求につきましては、商法第293条ノ7第3号（下記1）及び同第4号（下記2）に規定する拒否事由に該当するため、当社は、これを拒否することを通知いたします。

記1（3号該当事実）

　貴殿は、当社の株主であると同時に、当社の属する業界の情報誌も出版されており、請求にかかる帳簿類の閲覧または謄写により知得した事実に関し、利益を得て他に通報すると認むべき相当の理由があると判断できる。

記2（4号該当事実）

　当社は、平成○年○月○日開催予定の定時株主総会を控え、その準備のために帳簿等を必要としており、貴殿の請求は不適当な時期にされたものである。

　　　平成○○年○月○日
　　　　東京都○○区○○1丁目2番3号
　　　　　　○○株式会社
　　　　　　　代表取締役　○○○○　印
　　　東京都○○区○○3丁目4番5号
　　　　　　　○○○○　殿

アドバイス

1　本例は、帳簿閲覧請求を受けた会社がその請求を拒む場合の通知書面です。ただし、拒むためには、商法第293条ノ7に規定されたいずれかの理由が必要です。

2　この書面で必要な記載事項は、次のようなものです。
①閲覧請求を拒否することの明示
②商法293条ノ7のいずれの理由によるかの個別・具体的な明示

本例のように、複数の理由がある場合は理由の項目ごとに分けて内容を記載します。また、その内容についても本例と同程度に詳しく記載します。

047 株主・債権者から取締役会議事録の閲覧請求をされた会社の回答

回答書

　貴殿は、平成□年○月△日開催の当社取締役会議事録の閲覧請求を平成○年○月○日付書面によってなされました。

　しかしながら、取締役会の議事録は、商法上非公開が原則であり、そのために商法第260ノ4第6項は閲覧に裁判所の許可を必要としています。

　従いまして、貴殿においては裁判所の許可を取られた後に、改めて当社に対して閲覧の請求をなされますようお願いいたします。

　　平成○○年○月○日
　　　東京都○○区○○1丁目2番3号
　　　　　○○株式会社
　　　　　　代表取締役　○○○○　印
　東京都○○区○○3丁目4番5号
　　　　　○○○○　殿

アドバイス

1　本例は、権利行使に必要があるためか、または役員の責任追及に必要があるために、取締役会議事録の閲覧・謄写を請求されたものの、裁判所の許可がないことを理由にそれを拒む場合の通知書です

2　この書面には、①株主または会社債権者から取締役会議事録の閲覧・謄写請求があった事実、②裁判所の許可がないことを理由として、その請求を拒むことを記載します。

048 取締役が会社に辞任届を通知する

　　　　　取締役辞任届

　私は、平成○年○月○日の株主総会で貴社の取締役に選任されてその職に就き、以後誠実にその職務を遂行し現在に至りました。

　しかるにこのたび、悪性の腫瘍のため余命数か月との診断を下されました。よって、残された人生を有意義に過ごすため、ここに取締役を辞任いたしたく存じます。

　なお、本書面到達日をもって辞任日といたしますので、到達次第、速やかに取締役辞任の登記手続きをしていただくようにお願い申し上げます。

　平成○○年○月○日
　　　東京都○○区○○1丁目2番3号
　　　　　　　　○○○○　印
東京都○○区○○3丁目4番5号
　　　○○株式会社
　　　代表取締役　　○○○○　殿

アドバイス

1　本例は、取締役から会社に対する辞任通知の書面です。
2　本書面に記載する事項は、次のようになります。
①取締役の職を辞任する旨の意思表示
②辞任理由について
　法律的には、辞任理由の記載がなくても効果に変わりがありません。また、通常は具体的でなく、「一身上の都合」となります。
③会社に対して、辞任後直ちに取締役退任登記をする旨の依頼
　この通知のポイントはここにあります。会社がすぐに退任登記をしてくれないと、退任取締役が対外的に、なお取締役としての責任を負うこともあります。辞任する旨をわざわざ内容証明で通知するのは、辞任した日を公的に明示し、そのような事態を回避するためです。

049 会社が取締役を解任する場合の通知

　　　　　取締役解任通知書
　貴殿は、平成○年○月○日に実施された当社第○回定時株主総会において取締役に選任され、現在に至るまでその職にありました。
　しかしながら、平成□年○月△日に開催された臨時株主総会において、特別決議をもって取締役を解任されましたので、本書をもって通知いたします。
　なお、あえて解任理由を記せば、貴殿が競業避止義務に反する行為をたびたび行なっていたので、もはや解任せざるを得ないという株主の意向により特別決議がなされたものであります。

　　平成○○年○月○日
　　　東京都○○区○○1丁目2番3号
　　　　○○株式会社
　　　　　代表取締役　○○○○　印
　東京都○○区○○3丁目4番5号
　　　　　○○○○　殿

アドバイス

1　本例は、株主総会の特別決議によって解任された取締役に対し、その事実を通知する書面です。
2　この書面で記載すべき事項は、次のようになります。
①通知相手が適法に選任された取締役であったこと
②株主総会の「特別決議」で解任されたこと
　特別決議とは、議決権総数の過半数または定款で定めた議決権の数を持つ株主が出席し（定足数）、出席株主の議決権の3分の2以上にあたる多数による決議のことです（商法343条）。
③解任理由について
　解任理由を記載しなくても法的効力に影響はありません。ただし、解任取締役からの損害賠償（商法257条1項）に備える意味でも、記載しておいたほうがよいでしょう。

050 株主が会社に対して、取締役への訴訟を要請する

訴え提起請求書

　私は、貴社株式○○株を6か月前から継続して保有している株主です。

　貴社代表取締役△△△△氏は、平成○年○月○日、△△△△氏と親密な関係にあるだけで、貴社とは何の関係もない□□商事株式会社が4億円の借入れを行なうに際し、貴社を代表して貴社名義で連帯保証の意思表示をしました。

　しかしながら、その時点で□□商事株式会社が4億円もの負債を返済できる可能性は皆無であることを代表取締役△△△△氏は知っておりました。

　その後、□□商事株式会社が倒産したため貴社は4億円の連帯保証債務を履行することとなりました。

　△△△△氏の行為はいずれも取締役の忠実義務および商法第265条に違反するものであり、これにより貴社には4億円の損害が生じております。

　ついては、商法第267条1項に基づき、貴社に対して△△△△氏に対する損害賠償請求の訴えを提起するように請求いたします。

　なお、本書面到達後60日以内に訴えを提起されない場合には、同条第3項に従い、私が会社のため訴えを提起することを申し添え

アドバイス

1　本例は、株主代表訴訟の前段階として、株主が会社に対して、取締役の責任を追及する訴えを提起するよう請求する書面です。
　このような請求ができるのは、6か月前から継続して株式を保有している株主に限られます。1株だけしか持っていない株主であっても請求できます。
2　この書面において記載すべき必要事項は、以下のとおりです。

①発信者（請求者）が、6か月前から継続してその会社の株主であること（議決権の数についての規定はない）
②取締役が職務上違法な行為をして、会社に損害を与えたこと
　これについては、具体的事実を摘示して、定款または法令に違反する行為であることを明示します。
③会社に対して、その取締役への損害賠償請求

ておきます。

　平成○○年○月○日
　　　東京都○○区○○１丁目２番３号
　　　　　　　　　　　○○○○　印
　東京都○○区○○３丁目４番５号
　　　株式会社○○○○
　　　監査役　　○○○○　殿

　　をするように請求すること
　④会社から取締役への損害賠償請求が60日以内になされない場合には、株主代表訴訟を行なう旨の通知
　3　会社がこの請求を受けてから60日以内に訴えを提起しない場合には、株主が会社に代わって取締役の責任を追及する訴えを提起することができます。これが株主代表訴訟です。
　　取締役の会社に対する責任は、本来、会社が自ら追及すべきものですが、取締役同士の慣れあいで不問に付されてしまう可能性があるので、株主の利益を守るために株主代表訴訟が認められているのです。

051

株主が取締役に対して違法行為の差止めを請求する

違法行為差止請求書

私は、本日まで6か月以上継続して貴社の普通株式○○株を保有している株主ですが、下記のとおり商法第272条に基づき、貴社の代表取締役である貴殿に対して行為の差止めを請求します。

記1（差止めの対象となる行為）

貴殿が取締役会決議を経ることなく、定款目的外の新事業のため、○○銀行から多額の借財を行なうこと

記2（差止めの理由）

1　当該新事業は貴社定款記載のいずれの項目にも該当せず、目的外の行為であること

2　「多額の借財」をなすには、取締役会の決議を経る必要があるにもかかわらず、貴殿はその手続きを履践していないこと

3　かりに、当該新事業に失敗したならば、貴社は多額の借財という回復しがたい損害を負う可能性があること

平成○○年○月○日
　　東京都○○区○○1丁目2番3号
　　　　　　　○○○○　印
東京都○○区○○3丁目4番5号
　　○○株式会社
　　代表取締役　○○○○　殿

アドバイス

1　本例は、取締役の違法な行為により会社に回復困難な損害が生じる可能性がある場合に、株主が取締役に直接その行為の差止めを請求する書面です。

2　この書面で記載すべき事項は、以下のとおりです。

①発信者（請求者）が6か月前から引き続き株式を保有する株主であること（議決権数の制限はない）。

②取締役が会社の目的外の行為や定款・法令に反する違法な行為をしているか、しようとしていること

具体的事実を摘示して、取締役の「どの行為」が、「いかなる理由」により違法であるかを示します。

③その行為によって、会社が回復困難な損害を被る可能性の指摘

④その取締役に対する当該行為の差止請求

052 株主が総会屋に利益供与した取締役に対して、会社への損害賠償を請求する

通知書

　私は、貴社の株式を本日に至るまで６か月以上継続して保有している株主です。

　貴殿は、○○株式会社の取締役総務部長の地位にあります。ところが、平成○年○月○日に、目前の定時株主総会における円滑な議事運営を目的とし、株主たる△△△氏に対し株主たる権利行使に影響を与える趣旨で、会社の計算で現金５００万円を供与した事実が判明しました。

　貴殿の上記行為は商法第２９５条１項で禁止されている株主に対する利益供与に該当します。

　よって貴殿は、同法第２６６条第１項第２号により、右金額を会社に対し返還する義務を負っております。

　ついては、右金額を直ちに会社に弁済するよう請求いたします。

　平成○○年○月○日
　　東京都○○区○○１丁目２番３号
　　　　　○○○○　印
　東京都○○区○○３丁目４番５号
　　　　　○○○○　殿

アドバイス

1　本例は、いわゆる総会屋へ供与した利益の会社への返還を、供与者の取締役に求める書面です。
2　この書面に記載すべき事項は、以下のとおりです。
①発信者（請求者）が６か月間継続して株式を保有する株主であること（１株でもよい）
②供与者が取締役であること
③株主の権利行使に影響を与える目的があったこと
④会社の計算によること
　会社の計算とは、供与した資金の出所が会社であるということです。
⑤相手方に財産上の利益を与えたこと
⑥そのような行為が商法295条１項に反して違法であることの指摘
⑦供与した利益を取締役自身が会社に返還することの請求

053 会社債権者が取締役に損害賠償請求をする

損害賠償請求書

　当社は貴社との間で、平成○年○月○日、貴社商品（○○）を購入する契約を締結しましたが、貴社は倒産し、結局商品（○○）は引き渡されませんでした。その結果、当社は代金として先払いした金○○○万円の損害を被りました。貴社の代表取締役であった貴殿は、売買契約締結当時、既に自社の経営が行き詰まり、商品の生産が不可能な状態にあるのを熟知していながらも、敢えて契約を締結したとのことです。貴殿の上記行為は、商法第２６６条ノ３第１項に規定されている「職務を行うに付き悪意」である場合にほかなりません。また、当社の被った損害は貴殿の当該行為の結果であり因果関係も肯定できます。

　従って、当社は貴殿に対して金○○○万円の損害賠償および完済に至るまでの年６分の割合による遅延損害金を請求します。

　　平成□年△月○日
　　　東京都○○区○○３丁目４番５号
　　　○○株式会社
　　　代表取締役　○○○○　印
　東京都○○区○○３丁目４番５号
　　　　　○○○○　殿

アドバイス

1　本例は、職務を行なうことについて、悪意・重過失であった取締役の行為によって損害を被った第三者が、その取締役に損害賠償の請求をする書面です。

2　このような書面において記載すべき事項は、次のようになります。
①発信者（請求者）が取締役の行為によって損害を被った第三者であることの指摘
●取締役の行為と損害との間に因果関係があること
●自分が会社と取締役との関係に対して、第三者の立場に立つこと
②取締役に、その行為に際して悪意または重過失があったこと
③取締役に対する損害賠償の請求

054 会社が会社債権者に対し、合併に対する異議申述を催告する

催告書

　当社は、平成○年□月△日に開催した臨時株主総会において下記事項を決議いたしました。

記

1　○△株式会社（本店　東京都○○区○○×丁目×番×号）と合併すること
2　その権利義務一切を引き継ぐこと

　つきましては、上記合併に対し異議がございましたら、平成○年○月○日までに当社にお申出をされたく、商法第412条第1項の規定に従い催告いたします。
　なお、上記期限までに異議の申出がない場合には、異議なきものとして扱わせていただきます。

　平成○○年○月○日
　　　東京都○○区○○1丁目2番3号
　　　　　○○商事株式会社
　　　　　代表取締役　○○○○　印
東京都○○区○○3丁目4番5号
　　　○○株式会社
　　　代表取締役　○○○○　殿

アドバイス

1　本例は、吸収合併に際し、債権者に対して異議があれば申し述べるように催告（催促）をする書面です。
2　このような書面に通常記載される事項は、以下のようになります。
①存続会社の株主総会で、当該合併が適法に承認決議されたこと
②その決議内容
③本件通知が商法412条1項に基づく個別通知であること
④異議の申述に関する期限の明示
⑤期限までに異議の申述のない場合には、異議がないものとして扱う旨の通知
（注意）
　平成16年に商法が改正され、官報のほかに定款で定めた日刊新聞または「電子公告（ホームページなど）」により公告を行なえば、債権者への個別通知は不要とされました。

055 合併に反対する会社債権者が、会社に異議を申述する

異議申述書

　当社は、平成○年□月△日に開催された貴社の臨時株主総会にて決議された貴社と○△株式会社との合併に関して、貴社より異議申述の催告書を受領いたしました。

　債権者たる当社といたしましては、○△株式会社との合併には、下記理由により異議がございますので、その旨ご回答申し上げます。

記（異議理由）

　本件合併により、貴社の財務状況が悪化し、債権の回収に支障が生じる可能性があるため

　　平成○○年○月○日
　　　東京都○○区○○1丁目2番3号
　　　　　△△株式会社
　　　　　　代表取締役　　○○○○　印
東京都○○区○○3丁目4番5号
　　　○○商事株式会社
　　　　代表取締役　　○○○○　殿

アドバイス

1　本例は、吸収合併における存続会社の債権者からの異議の申述を記載した書面です。
2　この書面において記載すべき事項は、以下のとおりです。
①この通知が「異議の申述の催告」に対する回答であること
②異議がある旨の明示
　財産的基盤に不安のある会社との合併の場合には、債権者としては異議を述べておくことが無難でしょう。
③異議理由について
　本例では、異議理由を記載していますが、その記載がなくても書面の効力には影響がありません。

第5章

知的財産権侵害にまつわる基本文例

056 類似商号を使用した者に商号使用差止請求をする

通告書

当社は、「エステ麻衣」なる商号を平成○○年○月○日付で登記し、以後この商号にて、東京都板橋区内で3店舗のエステティックサロンを営業しております。

しかしながら、貴殿は、「エステ・マイ」という商号によって、平成○○年○月以降、同じ板橋区内でエステティックサロンを営んでおります。これは明らかに類似商号の使用にあたるので、商法第20条1項の規定に基づき、直ちに右商号の使用を中止されるよう、請求いたします。

なお、本書到達後2週間以内に、貴殿から誠意ある回答が得られない場合には、当社といたしましては、貴殿に対して商号使用差止および損害賠償請求訴訟の提起といった法的措置を取る所存であります。

平成××年×月×日
　東京都板橋区○○△丁目△番△号
　　株式会社エステ麻衣
　　代表取締役　○○○○　印
東京都板橋区○○△丁目△番△号
　エステ・マイ　○○○○　殿

アドバイス

1　すでに登記した商号を使用している者は、不正の競争の目的をもって同一または類似の商号を使用している者に対して、その商号の使用の差止めと損害賠償を請求することができます。とくに、登記されている商号と同一あるいは類似の商号を、同じ市区町村内において、同一の営業のために使用する者は「不正の競争の目的」で使用するものと推定されます。

2　相手方が類似の商号を、同じ市区町村内で、同一の営業のために使用している事実を指摘し、商号差止請求と損害賠償請求の意思があることを表示します。

057 相手の主張する類似商号にあたらない旨の回答

回答書

　貴社から送付された、平成××年×月×日付の通告書に対して回答させていただきます。

　通告書では、貴社の商号「エステ麻衣」が、当方の使用する商号「エステ・マイ」と類似していると主張されています。しかし、当方の用いている看板の書体、店舗の外観などを合わせて考えれば、当方に不正の競争の目的がないことはご理解いただけるものと思われます。

　したがって、貴社の主張には理由がなく、当方としては、貴社のご請求には応じかねます。

　　平成□□年□月□日
　　　東京都板橋区〇〇△丁目△番△号
　　　　　エステ・マイ　〇〇〇〇　印
　　東京都板橋区〇〇△丁目△番△号
　　　　株式会社エステ麻衣
　　　　代表取締役　〇〇〇〇　殿

アドバイス

1　商法では、すでに登記されている商号と、同一または類似の商号が、同じ市区町村内で同一の営業のために使用されている場合には、「不正の競争の目的」があるものと推定されます。これは登記済みの商号に与えられた強い効力です。

2　「不正の競争の目的」があるものと推定されているので、この目的がないことを通告された側で証明しなければなりません。

　回答書では、不正の競争の目的ありとの推定を覆す事実や、商号自体に類似性がないことなどを主張します。

058 自社の特許権を侵害する行為の中止を求める

中止請求書

拝啓

　貴社が平成○○年○月より製造・販売しております商品「□□□」について、当社で詳細な調査を実施しました。その結果、右商品は、当社が特許権を保有する「△△△」（特許第○○○○号）の内容を利用したものであることが判明しました。

　したがいまして、貴社におかれては、早急に右商品の製造・販売の中止、市場からの回収を実施されますよう、お願い申し上げます。

　もし、誠意ある対応がない場合には、当社としては裁判所に対して仮処分の申請をする用意があることを、念のため申し添えておきます。

敬具

平成○○年○月○日
　　○○県○○市○○町○丁目○番○号
　　　　株式会社○○機械
　　　　代表取締役　○○○○　印
□□県□□市□□町□丁目□番□号
　　株式会社□□□□
　　代表取締役　□□□□　殿

アドバイス

1. 特許権の侵害については、必ず相手方の商品・製品について専門的な調査を十分に行なってから、製造・販売の中止請求をしましょう。もし、誤解によるものであった場合、新たなトラブルになる可能性があります。
2. 緊急の法的措置としては、裁判所による製造・販売の中止命令があります。このような法的措置を取る旨を具体的に記載しておくとより効果的です。

059 自社の持つ実用新案権の侵害に対する警告をする

通告書

　当社の調査したところによると、貴社は、平成○○年○月より、商品「◇◇◇◇」を製造、販売しております。

　しかし、当該商品は、当社が有する後記の実用新案権の内容を利用したものであって、貴社による当該商品の製造、販売は、当社の実用新案権の侵害行為になります。

　したがって、直ちに前記の貴社商品の製造、販売を中止されますよう請求いたします。

　なお、請求につき、お聞き入れのない場合は、法的措置を取らせていただきますので、よろしくお願いいたします。

　　　　　　　　　　記
　　　実用新案権の表示　　○○○○○

平成○○年○月○日
　　　東京都文京区○○△丁目△番△号
　　　　株式会社○○産業
　　　　代表取締役　○○○○　印
東京都豊島区○○△丁目△番△号
　　　□□株式会社
　　　代表取締役　○○○○　殿

アドバイス

1　実用新案権や特許権といった知的財産権については、それを侵害して商品を製造・販売している相手に対して侵害行為の差止請求と損害賠償請求が認められています。

2　本例では、差止請求だけが示されていますが、これまでの侵害に対する損害賠償請求も同時にすることができます。

3　実用新案権の表示は、必ず記載しておいてください。

4　知的財産権の侵害は判断が微妙なケースも多いので、内容証明郵便で警告をする前に、専門家に相談しておくのがよいでしょう。

060 実用新案権侵害にはあたらない旨の回答

回答書

　平成〇〇年〇月〇日に貴社より、当社の商品「◇◇◇◇」の製造、販売が、貴社の実用新案権を侵害するとの警告を受けました。

　その後、当社にて事実関係について詳細に調査しましたところ、商品「◇◇◇◇」は当社独自の開発によるものであって、貴社の実用新案権の技術的範囲に属するものではありません。

　したがって、当該商品は貴社の実用新案権を侵害するものではなく、貴社の差止請求には応じかねます。

　　平成××年×月×日
　　　　東京都豊島区〇〇△丁目△番△号
　　　　　□□株式会社
　　　　　代表取締役　〇〇〇〇　印
東京都文京区〇〇△丁目△番△号
　　　　株式会社〇〇産業
　　　　代表取締役　〇〇〇〇　殿

アドバイス

1　本例は、指摘された商品について、相手方の実用新案権を侵害するものではないことを回答するものです。
2　知的財産権をめぐるトラブルは、一歩間違うと多額の損害賠償に発展する危険性があります。ですから、事実関係については厳密に調査をし、弁理士などの専門家にも相談するなどしてから回答すべきです。
3　事実関係の調査に時間がかかるようでしたら、「現在調査中なので、正式回答については、しばらくお待ちください」という暫定的な回答をしておくのもよいでしょう。

061 出版社に著作権侵害に基づく謝罪広告と慰謝料請求をする

通告書

　平成○○年○月に貴社より、○○○○の著作として小説「□□□」が発刊されました。しかし、この「□□□」は、当社がすでに発行している小説「△△△」とストーリー設定が酷似しています。小説「△△△」は、当社と作者△△△△が著作権を有するものであって、貴社の小説「□□□」の発刊は、この著作権を侵害するものであります。

　したがって、貴社に対して、小説「□□□」の販売差止めを請求するとともに、貴社および○○○○の連名による謝罪広告の掲載を請求いたします。また、慰謝料についても別途請求させていただくことを申し添えます。

　なお、早急な対応のない場合は、法的措置を取らせていただきます。

　　平成○○年○月○日
　　　　東京都台東区○○△丁目△番△号
　　　　　　株式会社○○文芸
　　　　　　代表取締役　○○○○　印
　　東京都練馬区○○△丁目△番△号
　　　　　株式会社△△社
　　　　　代表取締役　△△△△　殿
　　東京都大田区○○△丁目△番△号
　　　　　　　○○○○　殿

アドバイス

1　著作権の侵害は小説だけではなく、音楽、映像など多岐にわたります。ただ、著作権の侵害行為になるかどうかは、非常に判断が難しいケースがあります。このため、内容証明郵便による正式な請求の前に、弁護士などの専門家に相談しておくほうが無難です。

2　著作権が侵害されると、民法上の損害賠償請求権が発生します。その他、特別法である著作権法に基づいて、出版、公演、公開などの差止めを請求することもできます。また、刑事罰の対象にもなります。

062 著作権侵害を通告してきた相手への出版社側からの回答

回答書

　平成○○年○月○日に貴社より送付された通告書では、当社発刊の小説「□□□」が貴社および△△△△の著作権を侵害しているとのことでした。ただ、当社といたしましては、当該小説は、作家○○○○の独創であると考えております。

　貴社の主張につきましては、現在、当社において詳細な調査、検討を行なっているところであります。正式な回答については、今しばらくお待ちくださるよう、お願い申し上げます。

　　平成××年×月×日
　　　　東京都練馬区○○△丁目△番△号
　　　　　　株式会社△△社
　　　　　　代表取締役　△△△△　印
　　東京都台東区○○△丁目△番△号
　　　　　　株式会社○○文芸
　　　　　　代表取締役　○○○○　殿

アドバイス

1　著作権をめぐるトラブルは、多額の損害賠償に発展する危険性もありますし、会社や製作者のその後の社会的信用を大きく傷つけることもあります。そのため、著作権者からの警告に対しては、軽はずみな対応をすべきではなく、弁護士などの専門家と相談するなどの、慎重な配慮が必要です。
2　事実関係の調査や判断に時間がかかるようであれば、本例のような回答をとりあえず送付しておくべきでしょう。長期間放置しておくことは、得策ではありません。

第6章

雇用・労働関係にまつわる基本文例

063 採用内定取消に対して抗議する

通知書

平成○○年1月、貴社より採用内定の通知をいただきましたが、2月末日になって突然理由も示さずに内定の取消がなされました。

本件の内定取消は、本採用に向けて準備を進めて参りました私の期待権を侵害するものであり、権利の濫用にあたることは明白であります。

従いまして、本件の内定取消は無効であることを本書面をもって確認させていただきます。

平成○○年○月○日
　　○○県○○市○○町○丁目○番○号
　　　　　　　　　○○○○　印
○○県○○市○○町△丁目△番△号
　　株式会社○○建設
　　代表取締役　○○○○　殿

アドバイス

1　採用内定とは、解約権留保付きの労働契約です。履歴書にウソの記載があったり、健康上の問題が発覚するなど正当な理由があれば、内定を取り消すことができます。
　しかし、正当な理由もなく内定を取り消すことは、権利の濫用として許されません。
2　内定者としても、本採用に向けて準備を進めているわけですから、突然の内定取消は期待権を侵害されることになって大きな不利益を被ります。
　そこで、正当な理由のない内定取消については、その無効を主張することができます。また、内定取消によって損害を被った場合には、会社に対して損害賠償を請求することもできます。

064 身元保証人に責任が及ぶおそれのある場合に、会社が身元保証人に対してする通知

通知書

拝啓

　時下益々ご清祥のこととお慶び申し上げます。

　さて、平成○○年4月に入社し、貴殿に身元保証をしていただいた、当社の従業員○○○○氏については、昨今、無断欠勤、早退、同僚女性従業員とのトラブルなど、任務懈怠行為が相次いでいます。当社も上司を通じて、厳重な戒告を再三いたしてはおりますが、このままでは、身元保証人である貴殿にも責任が生じるおそれがあります。

　そこで、「身元保証に関する法律」第3条第1号に基づいて、貴殿に対して、この旨、ご報告申し上げておく次第であります。

敬具

　平成○○年○月○日
　　　東京都中央区○○△丁目△番△号
　　　　株式会社○○興産
　　　　代表取締役　○○○○　印
東京都調布市○○△丁目△番△号
　　　○○○○　殿

アドバイス

1　就職に際しては、よく、身元保証人を立てることが要求されます。ただ、身元保証人の責任が重くなりすぎる危険性もあります。そのため「身元保証に関する法律」では、従業員に業務上不適任または不誠実の事実があって、身元保証人の責任が発生するおそれがあることを使用者が知った時には、そのことを身元保証人に通知すべき義務を課しています。

2　この通知を受けることによって、身元保証人は、責任が過度に重くなることを防ぐために、将来に向けて身元保証契約を解除することができるようになります。

065 従業員の非行行為を理由に、身元保証人が身元保証契約を解除する通知

　　　　　身元保証契約解除通知

拝啓　貴社益々御清栄のことと存じます。

　貴社より○○○○氏の任務懈怠行為に関する平成○○年○月○日付通知書を受領しました。

　通知書を拝読して熟慮した結果、私としては、今後は同氏の身元保証を継続することが困難であると判断しました。

　したがって、本書面をもって、同氏に関する貴社との身元保証契約を解除させていただきます。

　　　　　　　　　　　　　　　　敬具

　平成××年×月×日
　　　東京都調布市○○△丁目△番△号
　　　　　　　　　　○○○○　印
　東京都中央区○○△丁目△番△号
　　　株式会社○○興産
　　　代表取締役　○○○○　殿

アドバイス

1　「身元保証に関する法律」では、身元保証人の責任が過度に重くなることを避けるため、①被用者が業務上不適任または不誠実な行為をしたり、②任務や任地が変更されて、身元保証人の責任が重くなるか、監督が困難になる場合に、使用者は身元保証人に対して、そのことを通知すべき義務があるとしています。

2　通知を受けた身元保証人は、身元保証契約を将来に向かって解除することができます。

3　ただ、解除は将来にわたるものであって、すでに発生している損害については賠償責任を免れることはできません。

066 会社が従業員を懲戒解雇する

　　　　　　　通知書
　当社は、就業規則第○条に基づいて、平成○○年○月○日付で貴殿を懲戒解雇することとし、ここに通知いたします。
　　　　　　　理由
1　貴殿は、平成△△年△月△日以降、数回にわたって、当社がコンピュータ管理する社外秘の顧客約３０００人分の個人情報を、ＣＤ－ＲＯＭに複写し、社外に持ち出し売却したものである。
2　貴殿は、平成□□年□月□日、当社の技術開発部が研究中の新製品に関する社外秘の情報を、フロッピーディスクに複写して社外に持ち出し、売却したものである。

　平成○○年○月○日
　　　東京都港区○○△丁目△番△号
　　　　　株式会社○○○
　　　　　代表取締役　○○○○　印
　東京都多摩市○○△丁目△番△号
　　　　　○○○○　殿

アドバイス

1　解雇を行なう場合には、通常、解雇予告や解雇予告手当が必要になります。また、退職金の支払いもありえます。
2　ただ、懲戒解雇のケースでは、解雇予告も解雇予告手当も必要ありませんし、退職金の全部または一部も支給されないことになります。
　懲戒解雇は、懲戒処分のなかでも最も重い処分です。そして、生活の糧を奪うことにもなるので、根拠となる事実関係については、明確にしておくとともに、懲戒解雇をする前に反論の機会を与えるなどの手続保障が必要になります。
3　懲戒解雇の場合、解雇予告手当（30日分の平均賃金）を支払わずに即時解雇する条件として、労働者に責任があるかどうかについて労働基準監督署の署長による認定（解雇予告除外認定）が必要となります。

067 解雇された者が会社に対して解雇無効の抗議をする

通知書

貴社より平成○○年○月○日付懲戒解雇の通知を受領いたしました。

しかし、懲戒解雇の理由については、根拠のない事実に基づくものであります。

私は、職務上、社外秘の資料を取り扱う立場にあり、職務の必要上、各種の情報をCD-ROMやフロッピーディスクにコピーすることもよくあります。しかし、それらの情報を社外に持ち出して売却するといった行為などは一切行なっておりません。

したがって、貴社の私に対する懲戒解雇は、事実誤認に基づくものであり、解雇権の濫用に該当すると考えます。

それゆえ、貴社の右処分は無効であることを主張し、懲戒解雇の撤回を求めます。

平成××年×月×日
　　東京都多摩市○○△丁目△番△号
　　　　　　○○○○　印
東京都港区○○△丁目△番△号
　株式会社○○○
　代表取締役　○○○○　殿

アドバイス

1　解雇は労働者にとって重大問題です。そのため、解雇事由については就業規則に規定されているのが通常です。

2　ただ、解雇が使用者の解雇権の濫用にあたる場合には、その解雇は法律的には無効になります。労働基準法をはじめとする労働法に違反した解雇、事実誤認に基づいた解雇、労働者の人権を侵害した解雇などは、解雇権の濫用となります。

3　本例は、事実誤認に基づく解雇通知に対して、撤回を求める内容証明郵便の文例です。

068 会社から従業員への整理解雇通知

解雇予告通知書

　長引く不況のため、当社を取り巻く経営環境も厳しいものとなっています。そのため、経営の合理化、人員削減を進めているところであります。その一環として、希望退職制度を整備し、また出向希望者を募るなどの努力もしてまいりました。しかし、思いのほか希望退職者、出向希望者が少ないため、はなはだ遺憾ながら、平成□□年□月□日をもって当社の○○部門を廃止することになりました。

　このことは、当社の就業規則第○条に定める「業務上やむを得ぬ場合」の解雇事由に該当いたします。

　したがって、誠に残念ではございますが、平成△△年△月△日付をもって、貴殿を解雇させていただきますことを、本書面をもってあらかじめ通知させていただきます。

　　平成○○年○月○日
　　　　東京都千代田区○○△丁目△番△号
　　　　　　株式会社○○物流
　　　　　　代表取締役　　○○○○　印
　　東京都江東区○○△丁目△番△号
　　　　　　　　　○○○○　殿

アドバイス

1　本例では、企業業績の悪化にともなう整理解雇、いわゆるリストラの際の通知書の例を示しています。
2　整理解雇は労働者側に責任がない場合の解雇です。そのため、解雇権の濫用にならないように十分に気をつけなければなりません。就業規則にはよく、解雇事由の一つとして「業務上やむを得ぬ場合」が挙げられています。ただ、この事由に該当するには、人員削減の必要性と整理解雇回避のための企業努力がなされたことなどが必要になります。
3　整理解雇の場合も、30日前の解雇予告か、解雇予告手当が必要なので、解雇の日付も必ず記載しておきます。整理解雇が認められるためには、以下の四つの要件が必要です。①人員削減の必要性　②整理解雇の手段の必要性　③被解雇者選定の妥当性　④手続きの妥当性

069 組合員が労働組合に脱退通知をする

組合脱退通知書

　私は、平成△△年△月△日以来、貴××××労働組合に加入してまいりました。

　しかし、一身上の都合により、このたび、平成□□年□月□日付をもって貴組合を脱退させていただくこととなりました。ここに、その旨通知させていただきます。

　平成○○年○月○日
　　　東京都目黒区○○△丁目△番△号
　　　　　　　　○○○○　印
東京都品川区○○△丁目△番△号
　　　株式会社○○　××××労働組合
　　　執行委員長　○○○○殿

アドバイス

1　労働組合は、経済的に弱い立場にある労働者が、対等に使用者側と交渉をするために結成が保障されている団体です。労働組合は労働者の権利を擁護するための組織なので、強制加入の団体ではありません。ですから、加入も脱退も労働者各自の自由であるのが原則です。ただ、労働者に組合への加入を義務づける「ユニオン・ショップ協定」を結んでいる会社では、組合から脱退すると解雇されるので注意が必要です。

2　組合の規則によって、脱退に際しては、手続上、書面による通知や一定期間の事前の通知を要求しているところもあります。この程度の手続きを求める規定なら有効なので、通知をしたことを明確にしておくため、内容証明郵便を利用します。

070 従業員が会社に対して未払賃金請求をする

　　　　　　　　請求書
　私は、平成△△年△月△日より貴社の従業員として勤務してまいりました。
　しかしながら、平成□□年□月分から平成◇◇年◇月分の間の賃金、総額〇〇万円がまだ支払われておりません。つきましては、上記賃金を早急にお支払いをいただくよう請求させていただきます。

　　平成〇〇年〇月〇日
　　　　東京都調布市〇〇△丁目△番△号
　　　　　　　　　　〇〇〇〇　印
　東京都港区〇〇△丁目△番△号
　　　有限会社〇〇
　　　代表取締役　〇〇〇〇　殿

アドバイス

1　賃金の支払いは会社の労働者に対する最重要の債務です。
　未払賃金については、未払期間と未払総額を明示した上で請求します。
　未払金額が多額になる前に、請求書を出しておくべきです。
2　なお、賃金の不払いは労働基準法違反なので、労働基準監督署に相談してみるのもよいでしょう。また、賃金不払いは刑事告訴の対象ともなります。

071 過労死した従業員の家族が、会社に損害賠償請求をする

　　　　　　　通知書

　私の夫である故○○○○は、平成□□年□月以来貴社の従業員として勤務してまいりました。

　しかし、平成◇◇年◇月に企画部に配属されて以来、残業の続く日々となり、土曜、日曜も休まず会社に出勤するようになりました。残業時間は月２００時間を超えるのが通常となり、帰宅しても、２、３時間の睡眠をとって再び出社する日が続きました。日によっては、会社にそのまま泊まりこむこともありました。

　そして、平成△△年△月△日に体調の異変を訴えたので、医師の診察を受けさせたところ、不整脈もあるので休養が必要であることを勧告されました。しかし、夫は会社の新規プロジェクトが始まることと、上司からの強い要望があったため、そのまま過酷な勤務を継続していました。その結果、平成△△年×月×日、体調が急変し、そのまま心筋梗塞により他界しました。

　夫は入社時より、健康状態に一切異常はありませんでした。しかし、配置換え以来の半年間に及ぶ過酷な労働によって、死亡するに至りました。そのため、貴社に対して、下記の損害賠償を請求させていただきます。

アドバイス

1　過労死とは、仕事による過労やストレスが原因の一つとなって、脳・心臓疾患、呼吸器疾患、精神疾患などを発病し、死亡することを意味します。

　「サービス残業」などという言葉に象徴されるように、わが国においては労使の対等な関係は建前にすぎません。長引く不況でリストラや賃金の見直しがなされる中、ますます労働者の立場は弱いものになってきています。

2　過労死は日本の企業特有の問題ですが、過労死であることの認定は非常に困難になっています。というのは、勤務状態などについて証明するには、上司や同僚の証言が必要になりますが、自分の会社にとって不利な証言をしてくれることはほとんど期待できないからです。

　ただ、内容証明郵便で、法的手段を取る可

なお、本通知書の到達後２週間以内に誠意ある回答のない場合には、当方は直ちに法的手段に訴える用意があることを、念のため申し添えておきます。

記

　　金〇〇〇万円
　　（内訳）
　　　　逸失利益　　金〇〇〇〇万円
　　　　葬儀費用　　金〇〇〇〇万円
　　　　慰謝料　　　金〇〇〇〇万円

　平成〇〇年〇月〇日
　　　東京都杉並区〇〇△丁目△番△号
　　　　　　　　　　　〇〇〇〇　　印
　東京都新宿区〇〇△丁目△番△号
　　　株式会社〇〇商事
　　　代表取締役　　〇〇〇〇　　殿

能性をほのめかしておくと、会社側の誠実な対応を引き出せることもあります。
3　平成８年に労災認定基準が緩和され、過労死認定の対象疾病に新たに「不整脈を原因とする突然死」が加えられました。通知書に被害者の症状なども詳細に記載しておくべきでしょう。

072 セクハラについて、被害者が会社と加害者に対して損害賠償請求をする

請求書

私は、平成△△年○月○日より貴社の経理課に配属され勤務していました。

平成××年×月頃から、経理課長の○○○○氏から、交際を迫られるようになりましたが、○○○○氏には妻子もあるので、私は明確に要求を拒絶しました。しかしその後、同氏は何かと理由を付けて、私に残業を命じたりするようになりました。そして、残業中に二人きりになると、私の胸部やでん部などを触ってきたりするようになりました。

私は、平成□□年□月□日以降、貴社の人事部に対して以上の事実を説明し、同氏に注意をするように訴えてまいりましたが、一向に事態は改善されませんでした。

結局、私は、一連の性的嫌がらせが原因となって、平成××年×月×日に貴社を退職しました。この私の受けた性的嫌がらせおよびそれによる退職は、○○○○氏とそれを黙認していた貴社の責任によるものです。そのため、貴社および○○○○氏に対して、下記の損害賠償を請求するものであります。

なお、本書到達後2週間以内に、下記金員を○○銀行○○支店普通預金口座、口座番号×××××××、口座名義○○○○まで振込送金の上お支払いください。お支払いがない

アドバイス

1 「性的嫌がらせ」とは、いわゆるセクハラ（セクシャル・ハラスメント）のことです。セクハラは、民法上の不法行為にあたります。

不法行為というのは、故意（わざと）または過失（不注意）によって、他人の権利や利益を違法に侵害し、損害を与えることです。

不法行為の被害者は、加害者である相手方に対して、損害賠償を請求することができます。セクハラの場合、嫌がらせによって受けた精神的苦痛について慰謝料を請求することになります。

2 セクハラの被害者は、まず直接の加害者である相手方に対して慰謝料を請求することができます。

また、直接の加害者だけでなく、それを知りながら適切な措置を取らなかった事業主にも、損害賠償責任が発生します。事業主は使用者として安全で良好な職場環境を整える義

場合には、法的手続きを取る所存であることを申し添えます。

記

慰謝料　金〇〇〇万円

平成〇〇年〇月〇日
　　東京都西東京市〇〇△丁目△番地△号
　　　　　　　〇〇〇〇　印
東京都中野区〇〇△丁目△番△号
　　株式会社〇〇商事
　　代表取締役　〇〇〇〇　殿
東京都練馬区〇〇△丁目△番△号
　　　　　　〇〇〇〇　殿

アドバイス

務を負っているからです。そこで、セクハラが発生した時点で、会社の担当部署や上司などに対して、事情を訴えて改善を求めておくべきです。
　請求書には、会社の対応についても、具体的に記載しておくとよいでしょう。

073 派遣会社が派遣先企業に対して派遣契約を解除する

契約解除通知

当社は貴社との間において平成○○年○月○日、労働者派遣契約を締結いたしました。以来、上記契約に基づいて、当社は貴社に数多くの労働者を派遣しております。

ところが、このたび、貴社は派遣就業に関し労働者派遣契約に違反して派遣労働者を使用していることが判明いたしました。

つきましては、貴社との間の労働者派遣契約を本書面をもって解除いたします。

なお、本契約解除後は、当社の貴社に対する労働者派遣を停止させていただくことをあわせて通知いたします。

東京都○○区○○3丁目4番5号
　　　○○株式会社
　　　　代表取締役　　○○○○　印
東京都○○区○○5丁目6番7号
　　　◇◇株式会社
　　　　代表取締役　　◇◇◇◇　殿

アドバイス

1　通常の雇用契約の場合、事業主が労働契約を結んだ労働者を自らの事業に従事させて賃金を支払います。
　これに対して、労働者の派遣とは、派遣元が、派遣元と雇用関係のある派遣労働者を、派遣先との契約に基づいて、派遣先の指示の下で就労させるという雇用形態です。
　実際の職場である派遣先と派遣労働者との間には、雇用関係はありません。

2　派遣先の会社が派遣元との労働者派遣契約に違反した場合、派遣元は契約を解除することができます。
　本文例は、派遣先が労働者派遣契約に違反して派遣労働者を使用した場合に、派遣元が派遣先との契約を解除し、以後の労働者派遣を停止することを通知するものです。

第7章

不動産売買にまつわる基本文例

074 借地権の買受人から地主への建物買取請求

建物買取請求書

　貴殿は〇〇〇〇氏との間で平成〇年〇月〇日に貴殿所有地につき借地契約を締結されました。〇〇〇〇氏は上記借地上に後記建物を築造し居住していましたが、平成□年△月〇日付で〇〇〇〇氏より同建物を私が買い受け、その際、上記借地権についても〇〇〇〇氏より譲り受けました。

　貴殿に上記借地権の譲渡をご承諾くださるようにお願いしましたが、平成□年〇月△日付回答書により拒絶されました。よって、私は、借地借家法14条により、貴殿に対し借地上に存する建物を時価で買い取るよう、本書面にて請求いたします。なお、現在の建物価格は〇〇〇万円と考えております。

　　　　　　記（建物の表示）
　所在　　　東京都〇〇区〇〇町〇丁目〇番
　家屋番号　〇〇番1
　種類　　　居宅
　構造　　　木造スレート葺平家建

平成〇〇年〇月〇日
　　東京都〇〇区〇〇1丁目2番3号
　　　　　　　　　〇〇〇〇　印
東京都〇〇区〇〇3丁目4番5号
　　　　　　　　　〇〇〇〇　殿

アドバイス

1　第三者が借地上の建物を取得したが地主がそれに伴う借地権の譲渡を承諾しない場合（借地借家法14条）には、借地権者または建物譲受人は地主に対して、時価で借地上の建物を買い取るように請求できます。
2　建物買取請求の通知では、以下の点を記載します。
①建物譲渡人と地主との間で土地賃貸借契約が成立したこと
②建物譲渡人自身が借地上に建物を築造したこと
③その建物の譲受けに伴い、土地の借地権も譲り受けたこと
④地主に対して、その借地権譲渡の承諾請求をしたが、拒絶されたこと
⑤よって、借地借家法14条により地主に対し建物買取請求権を行使すること
⑥建物の表示と、譲渡人が考える時価金額

075 売主が買主に不動産売買の代金を請求する

土地売買代金請求書

　当社は貴殿と、平成○年○月○日、当社所有の後記土地に関する売買契約を締結しました。同契約によれば、売買代金を○○○○万円とし、同年△月△日に当社が移転登記に必要な書類の引渡しをなし、それと引換えに貴殿は売買代金○○○○万円の支払いをなす、とされていました。

　しかしながら、約定の期日である同年△月△日に当社が移転登記に必要な書類の引渡しの用意をしていたにもかかわらず、貴殿は売買代金の支払いをなされませんでした。その後、現在に至るも、貴殿からの売買代金の支払いはなされていません。その間、当社は移転登記に必要な書類をいつでも引き渡せる状態にしておりました。

　つきましては、本書面到達後10日以内に売買代金○○○○万円をお支払いくださいますよう請求いたします。当社としましては、代金の支払いと引換えに移転登記に必要な書類を直ちにお引き渡しさせていただく所存です。

　　　　　記（土地の表示）
　　所在　東京都○○区○○×丁目
　　番地　○○○番○
　　地目　宅地

アドバイス

1　本例は、不動産の売買代金の支払いと登記手続書類の引渡しが引換えの関係にある場合に、買主が代金を支払わないため、売主がその請求をする書面です。
　あらためて代金の支払いを請求する場合であっても、代金の支払いと登記手続書類の引渡しが引換えの関係にあることに変わりはありません。
　本来、売買代金の支払いは目的物（本例の場合は土地）の引渡しと引換えになされるのが原則ですが、不動産取引の場合には登記の移転が重要になるので、通常は土地そのものの引渡しではなく、登記手続書類の引渡しと引換えに代金の支払いがなされます。

2　本例のように代金の支払いと登記手続書類の引渡しが引換えになっているときには、代金請求の書面には以下のことを記載します。
①売買契約の成立に関する事実

　　　　　地積　○○○．○○平方メートル

平成○○年○月○日
　　東京都○○区○○１丁目２番３号
　　　　○○土地販売株式会社
　　　　　代表取締役　　○○○○　印
東京都○○区○○３丁目４番５号
　　　　　　○○○○　殿

アドバイス

②代金と手続書類の交付が引換えになっていたこと
③売主の方では期日に手続書類の引渡しの用意をして待っていたこと
④にもかかわらず、買主の側が一方的に代金を支払わないという不履行
3　売主が、このまま売買契約を完了させたい場合には、代金支払いと書類の交付が引換えになる旨をつけ加えた上で、代金の請求通知をします。
　なお、買主の債務不履行を理由として売主が契約を解除したい場合には、期限内に代金の支払いがなければ契約を解除する旨をつけ加えておきます。

076 不動産売買の代金請求と解除通知

売買代金請求および解除通告

　私は貴殿と、平成○年○月○日、私所有の後記不動産に関し売買契約を締結しました。同契約では、売買代金は○○○○万円とし、平成○年△月□日午前11時に東京法務局□□出張所1階ロビーにおいて、貴殿が持参する○□銀行振出の預金小切手と引換えに登記に必要な書類を引き渡す旨が定められていましたが、私が約定の日時・場所に待機していたにもかかわらず、貴殿は現われませんでした。改めて日時を□月○日午前11時、場所も前回と同一として決済を行なうことを請求します。なお、上記期日に貴殿が代金小切手を持参されない場合は、当方において再度の通知なしで本契約を解除いたします。

　　　　　記（不動産の表示）
　　所在　東京都○区○町○丁目
　　地番　○○○番○
　　地目　宅地
　　地積　○○○．○○平方メートル

平成○○年○月○日
　東京都○○区○○1丁目2番3号
　　　　　　○○○○　印
東京都○○区○○3丁目4番5号
　　　　　　○○○○　殿

アドバイス

1　本例は、買主が代金を支払わない場合に、代金の支払請求とその不払いによる売買契約の解除の通知を1通にまとめたものです。
2　この類の書面では、以下のような記載が必要となります。
①売買契約締結の事実
②代金の支払いと登記に必要な書類の引渡しが引換えの関係であり、具体的な方法・日時などが約定されていたこと
③売主が約定どおりの準備をしていたのに、買主が代金を払わなかったこと
④再度の決済についての方法・日時などについての売主による指定
⑤その指定に従って代金が支払われないときには、再度の通知なしに買主が売買契約を解除する旨の通知
3　代金の支払いと登記書類の引渡しが、引換えの関係にある点を強調するようにします。

077 買主が手付金を放棄して契約を解除する場合

売買契約解除通知

　私は、平成○年○月○日、貴殿から後記1の土地を買い受ける旨の売買契約を締結し、同時に手付金として金○○万円を貴殿にお支払いいたしました。

　しかし、このたび、後記2の理由により買受を取りやめたく思い、貴殿が契約の履行をいまだなされていない本日の段階で、上記手付金を放棄して本契約を解除いたすことを本書面にて、ご通知申し上げます。

記

1　不動産の表示
　　所在　東京都○区○町○丁目
　　地番　○○○番○
　　地目　宅地
　　地積　○○平方メートル
2　取りやめの理由
　　残代金の支払いの目途が立たないこと

　平成○○年○月○日
　　東京都○○区○○1丁目2番3号
　　　　　　○○○○　印
　東京都○○区○○3丁目4番5号
　　　　　　○○○○　殿

アドバイス

1　本例は、不動産の売買契約における手付放棄による契約解除の通知書面です。
2　この書面において記載すべきことは、以下のとおりです。
①売買契約締結の事実
②契約締結と同時に手付金が交付されていること
③いまだ相手が履行に着手していないことの指摘（これが重要。かりに相手が履行に着手していたら解除不可能であるため、その点を確認の上、本書面を作成・発信する）
④手付金を放棄して契約を解除する意思表示の明示
3　手付放棄解除をする理由は、法律上記載する必要がなく、それがなくても解除の効果は発生します。もっとも、「都合にて」程度の記載は常識的に必要です。

078 売主が手付金を倍返しして契約を解除する場合

売買契約解除通知

　私は、平成○年□月△日、貴殿と後記1の土地を貴殿に売り渡す旨の売買契約を締結し、同日、貴殿より手付金として金１５０万円を受領いたしました。

　しかし、後記2の理由により本件売買を取りやめたく思い、貴殿がいまだ契約の履行に着手していない本日の段階で、手付金の倍額である金３００万円を償還して本契約を解除すべく、本書面にて、ご通知申し上げます。なお、上記償還金は、本日、○○銀行△支店の貴殿の口座に送金いたしましたのでご確認ください。

1　土地の表示
　　所在　東京都○区○町○丁目
　　地番　○○○番○
　　地目　宅地
　　地積　○○平方メートル
2　取りやめの理由
　自宅が水害にて毀損したので、急遽、上記土地に仮の居宅を建築するため
　平成○○年○月○日
　　　東京都○○区○○１丁目２番３号
　　　　　　　○○○○　印
東京都○○区○○３丁目４番５号
　　　　　　○○○○　殿

アドバイス

1　本例は、売主が手付金の倍額を売主に償還して売買契約を解除する書面です。

2　この書面において記載すべきことは、以下のとおりです。

①売買契約締結の事実
②契約締結と同時に手付金が交付されていること
③いまだ相手が履行に着手していないことの指摘（これは前例と同様に重要）
④手付金の倍額を償還してして契約を解除する意思表示の明示
⑤前例と異なり、手付倍返しによる解除では、倍額の金銭の買主への具体的支払方法が問題となりますので、その点についての記載
⑥解除の意思表示をする時点では、手付金の倍額が買主の手元に渡っている旨の確約

3　手付倍返しにより解除をする理由は、法律上記載する必要がありません。

079 買主が売主に対して、登記に必要な書類の交付を請求する

　　　　　登記手続請求書
　私は、平成○年○月○日に後記土地を買い受ける旨の売買契約を貴殿と締結しました。同契約に従い、同日内金として金○○万円を支払い、平成○年□月△日にはさらに金○○万円を支払いました。
　同契約によれば、決済に関しては、平成○年△月□日に××司法書士事務所にて貴殿が所有権移転登記に必要な一切の書類を私に交付し、それと引換えに私が貴殿に残代金を支払うことになっていました。
　しかし、私が上記期日に同事務所にて残代金の支払準備をして待機していたにもかかわらず、貴殿は所有権移転登記に必要な一切の書類の交付をせず、私の方も残代金の支払いをなし得ませんでした。
　その結果、現在も後記土地の登記を貴殿から私に移転することができないままであります。
　その後、貴殿は、当方からの再三の請求にもかかわらず、現在に至るまで移転登記に必要な書類の交付をなされておりません。
　つきましては、本書面をもって、その交付を重ねてご請求いたします。なお、本書面到達後、10日以内に移転登記に必要な書類の交付なき場合には法的処置を取る所存である

アドバイス

1　本例は、買主の代金支払いと引換えに売主が移転登記に必要な書類を交付する約定があるにもかかわらず売主が必要書類を交付しない場合に、その交付を要求する書面です。登記手続きについては、オンラインによる登記申請もできるようになりましたが、本例は従来どおり書面申請を行なう際に必要な書類を請求するものです。

2　この書面では、以下の点を記載すべきです。

①売買契約の成立（もし、内金などの支払いがあればそれも記載する）
②代金支払いと移転登記に必要な書類の交付が引換えの関係にあること
③約定の決済日に、買主は代金支払いの用意ができていたこと（もし、期日に代金完済の準備ができていない場合には、本例の請求はできない）
④期日に売主が必要書類の交付をせず、さらに

旨を申し添えます。
　　　　　　　記（土地の表示）
　　　所在　東京都○区○町○丁目
　　　地番　○○○番○
　　　地目　宅地
　　　地積　○○平方メートル

　平成○○年○月○日
　　東京都○○区○○1丁目2番3号
　　　　　　　　○○○○　印
　東京都○○区○○3丁目4番5号
　　　　　　　　○○○○　殿

いまだ交付がなされていないこと
⑤本書面が最後の請求であり、これに応じなければ法的手段も辞さないという明示
　3　法的手段というのは、具体的には訴訟を起こすということです。内容証明郵便は、あくまでも相手方の任意の履行を求めるものです。相手方が請求に応じない場合には、訴訟による強制的な解決を図るしかありません。この場合、訴訟の場で内容証明郵便を証拠として利用することができます。

買主が売主に対して登記手続きへの協力と解除予告を通知する

登記手続請求および解除通告

　私は貴殿と、平成○年○月○日、後記土地に関する売買契約を締結し、同日代金の３分の１をお支払いいたしました。残代金の決済は、平成○年□月△日に××司法書士事務所にて移転登記手続きに必要な書類と引換えに行なうとのことでしたが、同日私が同事務所にて残代金を準備して待機していたにもかかわらず、貴殿は現われませんでした。

　つきましては、直ちに残代金と引換えに移転登記手続きに必要な書類を交付してくださいますようお願いいたします。万一、本書面到達後１０日以内に貴殿が移転登記手続きに協力しない場合は、同期間の経過をもって、再度の通知なしに本契約を解除いたします。

　　　　　記（土地の表示）
　　所在　東京都○区○町○丁目
　　地番　○○○番○
　　地目　宅地
　　地積　○○平方メートル

平成○○年○月○日
　東京都○○区○○１丁目２番３号
　　　　　　　　○○○○　印
東京都○○区○○３丁目４番５号
　　　　　　　　○○○○　殿

アドバイス

1　本例は、代金の支払いと引換えに移転登記に必要な書類の交付を受ける場合に、登記に協力しない売主に協力を求め、売主が協力しないならば、契約を解除する旨の通知を一つの書面で行なうものです。
2　この書面で必要な記載事項は、次のようになります。
①売買契約の成立した事実（代金の一部支払いがあれば、それも記載する）
②決済についてなされていた約定の内容
③約定の決済日に、買主は代金支払いの用意ができていたこと（この点は、前例と同様）
④本書面が最後の催告である旨の明示
⑤それでもなお、売主が必要書類を交付しないならば、買主の新たな意思表示なしに猶予期間経過と同時に、解除の効力が当然に生ずる旨の通知

081 買主が詐欺を理由に不動産売買契約を取り消す

売買契約取消通知

　私は、平成○○年○月○日、貴社より○○県○○市○○××番地所在の土地を金○○○万円で買い受ける売買契約を貴社との間で締結しました。その際、貴社の営業社員から
1　上記土地は、貴社が近日中に宅地造成する予定であること
2　さらに近傍には巨大マーケットタウンが建設され、生活が至極便利になること
等の説明がなされました。
　しかしながら、これらの説明はすべて虚偽であることが判明しました。よって、本件契約の締結は貴社の詐欺によるものであり、民法96条1項に基づきその意思表示を取り消しいたしますことを本書面にて通知します。
　ついては、既に支払済の金○○万円を早急にお返しください。
振込口座　　○○銀行○○支店普通預金口座
　　　　　　口座番号×××××××
　　　　　　口座名義○○○○
　平成○○年○月○日
　　　　東京都○○区○○1丁目2番3号
　　　　　　　　　○○○○　印
東京都○○区○○3丁目4番5号
　　　　○○商事株式会社
　　　　代表取締役　○○○○　殿

アドバイス

1　本例は、売主の詐欺によって売買契約を締結した場合の買主からの取消通知書面です。
2　詐欺を理由として売買契約を取り消すときの通知書面には、次のことを記載します。
①売買契約が成立した事実
②相手方に欺罔行為（ウソを言ってだますこと）があったこと（この内容は、できるだけ具体的に記載する）
③その欺罔行為の結果として契約を締結したこと（契約の締結と欺罔行為の間に因果関係があることを明記）
④以上から、民法96条1項を根拠として取り消す旨の明示（根拠となる条文を示す方が望ましい）
3　相手にすでに代金を支払っていた場合は、その返還請求も取消の通知といっしょに行ないます。

買主が数量不足を理由に代金減額を請求する

売買代金減額請求

　当社は貴社と、平成○○年○月○日、後記土地を分譲住宅建設用地として貴社より購入する旨の売買契約を締結いたしました。その際、売買代金は
　　1　面積５００坪
　　2　坪単価１００万円
　　3　面積に坪単価を乗じて総額５億円
として約定されました。
　しかしながら、後記土地を実測したところその面積は４７０坪しかなく、３０坪不足していることが明らかになりました。
　本件売買契約は、上記のように数量を指示してなされたものであり、当社は売買契約の当時その不足を知りませんでした。
　よって、当社は民法５６５条に基づき上記不足分の割合に応じた代金３０００万円を減額し、売買代金を４億７０００万円とすることを請求いたします。
　　　　　　　記（土地の表示）
　　所在　○○県○○郡○○町○番地
　　地番　○○○番○
　　地目　宅地
　　地積　登記簿上　５００坪
　　　　　実測　　　４７０坪

アドバイス

1　本例は、数量指示売買で購入した土地の面積が、実際の面積よりも少なかった場合に、不足分の代金を減額するように請求する書面です。
　数量指示売買とは、基準数量の単価を定めて、それに総量を乗じた合計を売買金額とするものです。この売買にあたることを示すには、総面積、坪単価、売買代金総額の関係を明示します。

　数量指示売買で数量が不足していた場合、買主は代金の減額を請求することができます。また、数量不足であることを知らなかった買主は損害賠償を請求することができますし、数量不足であれば買わなかったという場合には契約を解除することもできます。
2　土地に関する面積不足を理由とする代金減額請求については、以下の事項を記載します。
①売買契約が成立したこと

平成○○年○月○日
東京都○○区○○1丁目2番3号
　　○○建設株式会社
　　　代表取締役　○○○○　印
東京都○○区○○3丁目4番5号
　　○○土地開発株式会社
　　　代表取締役　○○○○　殿

②それが数量指示売買であること
③実測値が登記簿の面積に不足していること
④根拠として民法565条をあげ、不足分の割合に応じた減額分を提示すること
⑤その金額の減額を請求する旨の通知

083 買主が不動産の瑕疵（欠陥）を理由に契約を解除する

解除通知書

当社は、平成○年○月○日、後記土地を分譲マンション建設用地として買い受ける旨説明の上、貴社との間で同地に関する売買契約を締結しました。その際、貴社の担当者は同地が当社の目的にとって、法令上、何ら支障のない旨、述べられました。

ところが、その後の当社の調査によれば、後記土地は、市街化調整区域内にあり、厳しい建築規制がなされているため、ここに分譲マンションを建設するのは事実上不可能であることが判明しました。それでは当社が後記土地を購入した目的を達成することはできません。

以上の事実は、売買の目的物に権利の瑕疵がある場合に該当し、かつ売買の目的達成が不可能であるため、当社としましては、本件売買契約を民法570条、566条により解除することを本書面にて通知いたします。

なお、当社が支払った売買代金を至急○○銀行○○支店普通預金口座、口座番号×××××××、口座名義○○○○まで振込みのうえ返還するよう、あわせて請求いたします。

記（不動産の表示）
所在　○○県○○市大字○○
地番　○○○番○

アドバイス

1　本例は購入した土地に法律上の制限があり、購入目的を達成できない場合の買主による解除通知です。
2　売買の目的物に瑕疵（欠陥）がある場合、その瑕疵を知らない、または知らないことについて過失（不注意）のない買主は、売主に対して損害賠償を請求することができます。また、瑕疵があることによって契約の目的が達成できないという場合には、民法570条、566条により、その契約を解除することができます。
　瑕疵とは、売買の目的物に物理的な欠陥がある場合だけでなく、本例の建築規制のように、法律上の制限があるといった場合も含まれます。
3　瑕疵を理由に解除する場合、書面に記載すべきことは以下のとおりです。
①売買契約が成立した事実

　　　　地目　山林
　　　　地積　○○平方メートル

　　平成○○年○月○日
　　　東京都○○区○○１丁目２番３号
　　　　　○○産業株式会社
　　　　　　代表取締役　○○○○　印
　　東京都○○区○○３丁目４番５号
　　　　　○○土地開発株式会社
　　　　　　代表取締役　○○○○　殿

第7章　不動産売買にまつわる基本文例

アドバイス

②売買契約に際して、その購入目的を説明してあること（これは、法律上は必要ないが、後々のトラブルを防ぐために記載すべき）
③その土地に何らかの瑕疵があり、購入した後に目的達成の不可能が判明したこと
④そのような瑕疵については、買主が知らなかったこと
⑤以上より、民法570条、566条により契約を解除する旨の明示

4　既払代金がある場合には、解除通知といっしょにその返還を請求します。

084 売却の仲介を依頼した不動産業者との契約を解除する

契約解除通知書

私は、貴社との間で平成○○年□月△日に私所有の××県○○市○○町1丁目2番地所在の土地に関し、その売却の仲介として専任媒介契約を締結しました。

ところが、貴社は契約後半年が経過した現在に至るまで購入希望者をまったく紹介せず、さらに何ら状況報告もありません。このような態度では、宅地建物取引業者としての誠実な義務を履行しているとは考えられません。

私は、本件不動産を1日でも早く処分するために、貴社に売却の仲介を依頼したのであり、このような状況では、もはや貴社との間の専任媒介契約を継続する必要性はありません。

よって、本書面にて貴社との専任媒介契約を解除することを通知いたします。

　　平成○○年○月○日
　　　東京都○○区○○1丁目2番3号
　　　　　　　　○○○○　印
東京都○○区○○3丁目4番5号
　　○○不動産株式会社
　　代表取締役　○○○○　殿

アドバイス

1. 本例は、土地売却の仲介として専任媒介契約を締結した不動産業者に対して、その契約を解除する旨を通知する書面です。
2. 通常、土地の売却の仲介を依頼する場合は専任媒介契約を締結します。この契約では、依頼した業者以外には仲介を依頼できません。その代わり、業者には買い手を積極的にあっせんする義務が生じます。
3. 以上を前提にすると、本書面に記載すべきことは、①専任媒介契約の締結、②顧客を紹介しない、状況の報告をしないなど、業者の義務不履行になります。
4. 仮に、このような状況で業者から何らかの費用を請求されているのであれば、解除通知において不払いの意思を明示しておきます。

第8章

借地借家にまつわる基本文例

085 地主が借地人に賃料の増額を請求する

請求書

　私と貴殿との間で賃貸借しております、下記土地の賃料については、平成○○年○月現在、1か月あたり○○万円となっております。

　ところが、土地価格の上昇、固定資産税などの増額、近傍類似の土地の賃料との比較から、上記賃料は不相当な価額となっております。

　したがいまして、平成○○年○月分より賃料を1か月あたり○○万円に改めさせていただきますので、よろしくお願い申し上げます。

記
東京都中野区○○△丁目△番地
　　宅地　　○○○平方メートル

平成○○年○月○日
　　東京都中野区○○△丁目△番△号
　　　　　　　　○○○○　印
東京都中野区○○△丁目△番△号
　　　　　　　○○○○　殿

アドバイス

1　土地の賃料について、賃貸人（地主）が将来にわたって増額を請求することができます。
　その際、増額請求の根拠となるのは、固定資産税などの税金、土地価格の上昇、近隣の土地の賃料などです。これらについて、記載しておきます。
2　賃料の増額について、当事者間で話し合いがつかない場合には、まず、裁判所に対して調停を申し立てます。それでも合意に至らない場合には、訴訟を提起することになります。

086 地主が借地人に賃料の滞納分を請求する

請求書

貴殿は下記土地について、私と賃貸借契約を締結し、現在使用収益中ですが、平成〇〇年〇月分から〇月分までの賃料合計〇〇万円の支払いを滞納されています。それゆえ、本書面の到達後1週間以内に前記賃料全額をお支払いいただくよう、よろしくお願いいたします。

なお、同期間内にお支払いなき場合には、当然に本賃貸借契約を解除させていただく旨、本書をもってあらかじめ通知いたします。

記

所在　東京都台東区〇〇△丁目
地番　□□□番□
地目　宅地
地積　〇〇〇．〇〇平方メートル

平成〇〇年〇月〇日
　　東京都台東区〇〇△丁目△番△号
　　　　　　　　〇〇〇〇　印
東京都台東区〇〇△丁目△番△号
　　　　　　　　〇〇〇〇　殿

アドバイス

1　滞納されている賃料（地代）を請求する場合には、いつからいつまでの賃料が滞納されているか、滞納の総額はいくらかを明示します。

2　滞納賃料の請求と同時に、解除の用意があることも記載しておくと効果的です。
　解除の手順としては、①支払いの催告（催促）をして、それでも支払いがない場合に、改めて解除の通知をするという方法と、②本例のように、滞納賃料の支払いの催告とあわせて、契約解除の通知をするという方法もあります。

087 地主が借地人の賃料滞納を理由に契約を解除する

通知書

　貴殿と私は、下記土地について賃料月額○○万円にて賃貸借契約を締結しておりますが、平成○○年○月分から同○月分まで、総額○○万円の賃料が滞納されています。

　本賃貸借契約では、○か月以上の賃料滞納があった場合には、賃貸人より無催告解除ができる旨が約定されていました。したがって、当該約定に基づいて賃貸借契約を解除する旨、本書をもって通知いたします。

　つきましては、直ちに建物を収去し、下記土地を明け渡していただくとともに、明渡時までの延滞賃料全額を賃料支払口座宛に振込送金の上、お支払いをしていただきますよう、よろしくお願いいたします。

記

　所在　東京都北区○○△丁目
　地番　□□□番□
　地目　宅地
　地積　○○○.○○平方メートル

平成○○年○月○日
　　東京都北区○○△丁目△番△号
　　　　　　　○○○○　印
東京都北区○○△丁目△番△号
　　　　　　　○○○○　殿

アドバイス

1　不動産賃貸借契約を締結する際に、何回かの賃料滞納が続いた場合には、賃貸人から催告なく一方的に契約を解除することができる旨の条項が含まれていることもあります。3か月以上と設定しているケースが多いようです。
　このような約定も一応有効ですから、本文例のような解除も認められます。
2　ただ、賃借人にとってあまりに酷な内容であれば、法律的には無効となるので注意してください。緊急を要するのでなければ、賃料の支払いを催告した上で解除するほうが無難でしょう。

088 借地人が供託した賃料を地主が受け取る場合

通知書

　貴殿と私は下記土地について、賃料を1か月〇〇万円として賃貸借をしてきましたが、平成〇〇年〇月分より賃料を1か月〇〇万円に増額する旨を、平成〇〇年〇月〇日付の内容証明郵便にて通知させていただきました。しかし、貴殿は賃料増額に応じずに、平成〇〇年〇月分の賃料を、平成〇〇年〇月〇日に□□法務局に供託しました。

　そのため、私といたしましては、右供託金を還付して、平成〇〇年〇月分の未払賃料の一部として充当させていただきます。なお、この還付が、従前の賃料額を認めたものではないことを申し添えておきます。

記

所在　東京都練馬区〇〇△丁目
地番　□□□番□
地目　宅地
地積　〇〇〇.〇〇平方メートル

平成〇〇年〇月〇日
　　東京都練馬区〇〇△丁目△番△号
　　　　　　〇〇〇〇　印
東京都練馬区〇〇△丁目△番△号
　　　　　　〇〇〇〇　殿

アドバイス

1　賃料の額について争いがある場合には、債務不履行となることを避けるため、賃借人は法務局に賃料を供託することがあります。
2　賃借人が賃料を供託した場合、賃貸人は供託金を還付することができます。
　賃貸人が供託金を還付する場合には、賃借人にその旨を通知しておくほうがよいでしょう。本例はその通知書ですが、還付を受けることがこれまでの賃料を認めることにはならないことを必ず記載しておきます。

089 地主が契約更新を拒絶して明渡しを請求する

通知書

　貴殿と当方は、下記土地について賃貸借契約を締結してまいりましたが、当該契約は平成○○年○月○日をもって満了します。今後、当方は下記土地について居住建物を建築するため、契約更新は拒絶させていただきます。

　つきましては、賃貸借期間の満了後は、直ちに下記土地を明け渡してくださるよう、ここに通知させていただきます。なお、当方としては、貴殿に対して立退料をお支払いする用意があることも申し添えておきます。

記

所在　東京都杉並区○○△丁目
地番　□□□番□
地目　宅地
地積　○○○．○○平方メートル

平成××年×月×日
　　東京都杉並区○○△丁目△番△号
　　　　　　○○○○　印
東京都杉並区○○△丁目△番△号
　　　　　　○○○○　殿

アドバイス

1　不動産賃貸借契約では、対象となる土地や建物は、賃借人にとって生活の基盤となるものです。そのため、借地借家法では契約期間満了の場合でも、賃貸人による更新拒絶をかなり制限しています。
2　本例は、賃貸人（地主）からの期間満了前の更新拒絶の通知書です。借地借家法で規定されている更新拒絶のための条件を満たすよう注意しつつ、その点も忘れずに記載しておいてください。

090 地主の更新拒絶に対して契約の継続を求める場合

回答書

　当方は平成××年×月×日付の内容証明郵便にて、貴殿より下記土地の賃貸借契約の更新拒絶について通知を受けました。

　しかしながら、当方といたしましては、現在、家族５人で下記土地上の建物に長年居住しており、他所への移転も容易ではありません。

　したがって、当方としては、平成○○年○月○日をもって満了する本契約を、以後も同一条件にて継続いたしたく、本書面をもってお願い申し上げます。

記

所在　東京都杉並区○○△丁目
地番　□□□番□
地目　宅地
地積　○○○．○○平方メートル

平成△△年△月△日
　東京都杉並区○○△丁目△番△号
　　　　　　○○○○　　印
東京都杉並区○○△丁目△番△号
　　　　　　○○○○　　殿

アドバイス

1　本例は、地主からの賃貸借契約更新拒絶を示した内容証明郵便に対する回答例で、契約の継続を希望する旨の内容となっています。
2　更新を希望する回答書ですので、その旨を明確に記載します。また、その場合の、賃料や契約期間といった条件などについても、希望する事項はいっしょに記載しておきます。現在の土地が生活の本拠であること、他所への移転が困難なことなどは、更新にあたっての説得的な理由になります。

借地人が地主に契約更新を請求する

賃貸借契約更新請求書

　貴殿と当方との間で締結されている下記土地に関する賃貸借契約は、去る平成○○年○月○日をもって満了しました。

　しかしながら、当方としては、下記土地上の建物に現在家族で居住しており、また、1階においては、以前より商店を経営いたしております。従いまして、従前と同一の条件をもって、賃貸借契約を更新していただきますよう、本書面によって請求させていただきます。

記

　所在　　東京都港区○○△丁目
　地番　　□□□番□
　地目　　宅地
　地積　　○○○.○○平方メートル

　平成××年×月×日
　　　東京都港区○○△丁目△番△号
　　　　　　　　○○○○　印
東京都港区○○△丁目△番△号
　　　　　　　　○○○○　殿

アドバイス

1　土地の賃貸借契約では、当初、契約で定めていた契約期間が満了した後でも、賃貸人（地主）がすぐに異議を申し立てないと、そのまま賃貸借契約は更新されたものとみなされることになっています。
2　また、賃貸借期間が満了した後であっても、土地上に建物を所有している賃借人は、賃貸人に対して契約の更新を請求することができます。後日のトラブルを避けるためにも、本例のような書面を送付して、意思を明確にしておくほうがよいでしょう。

092 地主が借地人に対して期間満了による土地の明渡しを請求する

請求書

　貴殿と当方との間で締結されていた、下記土地に関する賃貸借契約は、去る平成○○年○月○日をもって満了し、また、その旨平成××年×月×日付内容証明郵便によって、貴殿に対して通知しました。

　しかしながら、貴殿は、現在に至るまで下記土地を明け渡すことなく使用収益を継続しております。つきましては、早急に建物を収去し、土地を明け渡していただきますよう、よろしくお願い申し上げます。

　なお、誠意ある対応がない場合には、当方としては法的措置を取る用意があることを、念のため申し添えておきます。

記
　所在　東京都豊島区○○△丁目
　地番　□□□番□
　地目　宅地
　地積　○○○．○○平方メートル

　平成△△年△月△日
　　東京都豊島区○○△丁目△番△号
　　　　　　　○○○○　印
　東京都豊島区○○△丁目△番△号
　　　　　　　○○○○　殿

アドバイス

1　本例では、賃貸借契約が期間満了によって終了していることを前提としています。契約を終了するときには、賃貸人（地主）として内容証明郵便によって意思表示をしておくと、後日、このようなケースとなった場合に便利です。
2　すでに賃貸借契約が終了していること、相手方がいまだに土地を使用収益していることを指摘した上で、建物の収去と土地の明渡しを請求する意思があることを明示します。
3　相手方が請求に応じない場合には、法的措置を取る用意があることを記載しておくとより効果的です。

093 借地人が地主からの明渡請求に対して契約の継続を請求する

回答書

貴殿は、平成△△年△月△日付内容証明郵便により、下記土地における建物収去および土地明渡しを請求されています。

前記請求では賃貸借契約の終了を前提としていますが、当方としては、下記土地上の建物に生活の本拠を有しており、他所への移転は実際に困難な状態となっております。従いまして、平成○○年○月○日以降も、以前と同一の条件により賃貸借契約を継続いたしたく、本書面においてお願い申し上げます。

記

所在　東京都豊島区○○△丁目
地番　□□□番□
地目　宅地
地積　○○○．○○平方メートル

平成□□年□月□日
　　東京都豊島区○○△丁目△番△号
　　　　　　　○○○○　印
東京都豊島区○○△丁目△番△号
　　　　　　　○○○○　殿

アドバイス

1　土地は賃借人にとって生活や事業の本拠となるので、経済的に優位に立つ賃貸人（地主）よりも、賃借人は借地借家法によって厚く保護されています。
そのため、賃貸人が賃貸借契約の更新を拒絶するには、「正当な理由」が必要とされています。この「正当な理由」は、ケースごとに個別具体的に判断されます。実際には、賃貸人と賃借人にとってのその土地の必要性の程度や立退料の有無・金額などを総合的に考慮して決定されます。
2　本例は、賃貸人からの建物収去・土地明渡請求に対する賃借人からの回答例を示しています。

094 借地権が更新されない場合の地主に対する建物買取請求

建物買取請求書

　当方は貴殿より、平成○○年○月○日付内容証明郵便により、下記土地の賃貸借契約を更新拒絶する旨の意思表示を受けました。そして、当方としては検討の結果、賃貸借契約を終了し、下記土地を貴殿に返還することとしました。

　つきましては、土地上の当方所有の建物を時価○○○万円にてお買い取りいただきたく、本書面により建物買取請求権の意思表示をさせていただきます。

記

所在　東京都板橋区○○△丁目
地番　□□□番□
地目　宅地
地積　○○○．○○平方メートル

平成××年×月×日
　　東京都板橋区○○△丁目△番△号
　　　　　　○○○○　印
東京都板橋区○○△丁目△番△号
　　　　　　○○○○　殿

アドバイス

1　土地の賃貸借契約では多くの場合、賃借人は土地上に所有建物を建てています。賃貸借契約が終了したからといって、常に、その建物を収去するのでは、賃借人が土地に投下した資本を回収できませんし、社会経済的に見ても不利益です。
　そこで、借地借家法では、賃貸借契約を更新しない場合は、賃借人は賃貸人に対して、建物の買取りを請求できることとしました。

2　本例は、建物買取請求の意思を表示したものです。売買を成立させるためものなので、希望買取価格も表示します。

095 借地人が地主に対して借地条件の変更を求める場合

借地条件変更申入書

すでにご承知のように、平成○○年○月○日の賃貸借契約に基づき、当方は下記土地を木造平屋建ての非堅固建物所有を目的として賃借してまいりました。

しかしながら、現在所有する建物は永年の使用により老朽化してきたため、新しく、鉄筋コンクリート２階建ての堅固建物を建築することを希望いたしております。そのため、本契約の土地使用目的を、非堅固建物所有から堅固建物所有へと変更することを本書面によりお願い申し上げます。なお、条件変更に際しては、相当額の承諾料をお支払いする用意がありますので、ご相談のための面談をいたしたく、よろしくお願い申し上げます。

記

所在　東京都葛飾区○○△丁目
地番　□□□番□
地目　宅地
地積　○○○．○○平方メートル

平成××年×月×日
　　東京都葛飾区○○△丁目△番△号
　　　　　　　　○○○○　印
東京都葛飾区○○△丁目△番△号
　　　　　　　　○○○○　殿

アドバイス

1　土地賃貸借契約において、賃借人が土地上に所有する建物を、非堅固建物から堅固建物へと変更することは、原則として契約条件の変更にあたります。
　多くの場合、契約締結の当初から、このような条件の変更に際しては、当事者間での事前の承諾が必要であることを規定しています。
2　承諾料の金額などについて合意に至らない場合には、簡易裁判所への調停の申立て、そして訴訟の提起となる可能性もあります。

096 借地人からなされた借地条件変更の申入れを拒絶する場合

回答書

貴殿より送付された、平成××年×月×日付内容証明郵便を受領し、土地賃貸借契約の条件変更の申入れについて検討いたしました。

貴殿からの申入れのとおりに、借地上の非堅固建物を堅固建物に建て替えるということは、明らかに、現在の賃貸借契約の期間満了後の契約更新を意味しております。しかしながら、当方としては、期間満了後は同地を居住用の宅地として使用する必要がありますことから、貴殿の申入れには応じることができません。

悪しからずご了承ください。

平成△△年△月△日
　　東京都葛飾区○○△丁目△番△号
　　　　　　○○○○　印
東京都葛飾区○○△丁目△番△号
　　　　　　○○○○　殿

アドバイス

1　本例は、非堅固建物所有から堅固建物所有への借地使用目的変更の申入れに対する回答例です。
2　借地使用目的を非堅固建物所有から堅固建物所有へと変更すると、契約期間満了後の契約更新をともなうことがあります。ですから、賃貸人（地主）としては、その点に十分に留意した上で回答すべきです。
　　申入れを拒絶する場合には、期間満了後は土地を自ら使用する必要性があることなど、拒絶の理由を明示しておくのがよいでしょう。

097 借地人が地主に増改築工事を申し入れる

申入書

ご承知のように、貴殿と当方は平成○○年○月○日付にて土地賃貸借契約を締結し、当方は賃借人として下記土地上に建物を所有し、今日に至っております。

しかしながら、先月、妻が2人目の子供を出産したため、現在の建物ではかなり手狭となりました。当方としては、現在の建物の一部を改築いたしたく、本賃貸借契約書第○条に従い、貴殿の承諾をいただきたく本書面にてお願い申し上げます。

記

所在　東京都江東区○○△丁目
地番　□□□番□
地目　宅地
地積　○○○．○○平方メートル

平成××年×月×日
　　東京都江東区○○△丁目△番△号
　　　　　　○○○○　印
東京都江東区○○△丁目△番△号
　　　　　　○○○○　殿

アドバイス

1　賃貸借契約書では、通常、借地上の建物について賃借人が増改築を施すときには、賃貸人（地主）の承諾を要するとの条項を設けています。その条項を無視して、賃貸人の承諾なく増改築を行なった場合は、契約を解除される危険性があります。
2　もし、承諾を申し入れたにもかかわらず、賃貸人が承諾を拒否したときには、裁判所に対して承諾に代わる許可を求めることができます。本書面にそのことを記載してもよいでしょう。

098 地主が借地人に増改築工事の停止を申し入れる

申入書

すでにご承知のように、貴殿と当方は平成○○年○月○日付で、下記土地の賃貸借契約を締結しました。そして、その契約第○条では、賃貸人の承諾なき借地上建物の増改築を禁止しております。

貴殿は先月来、借地上建物の一部に対して大規模な改築を始めていますが、当方としては何ら承諾をしておりません。それゆえ、直ちに改築工事を停止し、旧に復するように、本書によって申入れさせていただきます。なお、当方の申入れに対して誠意ある対応がない場合には、契約違反を理由として契約を解除させていただきます。

記

所在　東京都目黒区○○△丁目
地番　□□□番□
地目　宅地
地積　○○○. ○○平方メートル

平成××年×月×日
　　東京都目黒区○○△丁目△番△号
　　　　　　○○○○　印
東京都目黒区○○△丁目△番△号
　　　　　　○○○○　殿

アドバイス

1　土地の賃貸借契約では、借地上の建物に増改築を加えるときには、賃貸人の承諾が必要であるとする条項がよく規定されます。また、その承諾なく増改築を行なった場合、賃貸人は契約を解除できるとの規定が置かれていることもあります。

本例は、賃借人が賃貸人の承諾なく、借地上の建物の増改築を始めたため、その中止を申し入れる書面です。

2　増改築は、建物の同一性を変えたり、建物の寿命を延ばすことになります。どの程度をもって、増改築とすべきかは判断が難しい場合もありますが、建物の存続期間が延長するような増改築は、事前に賃貸人の承諾を得てから行なったほうがよいでしょう。

099 地主が借地人の無断増改築を理由に契約を解除する

申入書

すでにご承知のように、貴殿と当方は平成○○年○月○日付で、下記土地の賃貸借契約を締結しました。そして、その契約第○条では、賃貸人の承諾なき借地上建物の増改築を禁止し、第×条では、賃借人が第○条に違反した場合には契約を解除できる旨を規定しています。

ところが、貴殿は、先月来、当方の承諾なく増改築を開始いたしました。貴殿の行為は本契約第○条に違反しますので、当方は第×条に基づき本契約を解除する旨、本書をもってご通知申し上げます。つきましては、早急に建物を収去し、下記土地を明け渡してくださるよう、よろしくお願い申し上げます。

記

所在　東京都足立区○○△丁目
地番　□□□番□
地目　宅地
地積　○○○.○○平方メートル

平成××年×月×日
　　東京都足立区○○△丁目△番△号
　　　　　　○○○○　印
東京都足立区○○△丁目△番△号
　　　　　　○○○○　殿

アドバイス

1　土地の賃貸借契約では多くの場合、契約書で、賃貸人の承諾のない増改築や大修繕を禁止しています。
　また、賃貸人の承諾なく増改築や大修繕を行なった場合には、賃貸人は催告なくして契約を解除できる旨（無催告解除特約）が契約書に規定されている場合もあります。
2　本例は、承諾なき増改築の指摘とともに、賃貸人が契約書に定められた無催告解除特約に基づいて契約解除の意思表示を示したものです。増改築の判明した時点で、工事の中止を申し入れ、復旧を求めておくのもよいでしょう。

100 借地人が地主に対して借地権譲渡についての承諾を求める

借地権譲渡承諾願書

当方は貴殿との借地契約に基づき下記土地上に建物を所有してまいりましたが、このたび、同建物を〇〇〇〇氏に土地賃借権とともに譲渡したいと考えております。つきましては賃借権の譲渡についてご承諾をいただきたく、本書面をもってお願い申し上げます。

同氏は地元にて長年税理士事務所を開いており、貴殿の賃借人としても信用のできる人物です。どうぞよろしくお願いいたします。

記

〈土地の表示〉
　所在　東京都品川区〇〇△丁目
　地番　□□□番□
　地目　宅地
　地積　〇〇〇.〇〇平方メートル

〈建物の表示〉
　所在　東京都品川区〇〇△丁目△番地
　家屋番号　△番
　構造・種類　木造瓦葺・居宅
　床面積　〇〇平方メートル

平成〇〇年〇月〇日
　　東京都品川区〇〇△丁目△番△号
　　　　　　〇〇〇〇　印

東京都品川区〇〇△丁目△番△号
　　　　　　〇〇〇〇　殿

アドバイス

1　土地賃貸借契約では、借地上の建物の譲渡は、通常、土地賃借権の譲渡も伴います。その場合、賃貸人（地主）の承諾がないと、原則として、契約を解除されることになります。
2　賃借権の無断譲渡の禁止は、一般に、契約書にも規定されています。しかし、契約書への記載がなくても、法律の規定によって解除されてしまうので注意が必要です。
3　譲渡する相手についても記載しておくと、賃貸人が承諾する際の判断材料となるでしょう。

101 地主が借地権の無断譲渡を理由に契約を解除する

契約解除通知書

　貴殿と当方は、下記土地について建物所有を目的とする賃貸借契約を締結しており、当該契約では、賃貸人の承諾なき賃借権の譲渡を禁止しております。しかし、貴殿は、本年〇月、〇〇〇〇氏に対して、当方の承諾なく、同建物とともに賃借権を譲渡しました。したがって、当方は、本契約を解除する旨、本書面により通知させていただきます。

記

〈土地の表示〉
　　所在　　東京都練馬区〇〇△丁目
　　地番　　□□□番□
　　地目　　宅地
　　地積　　〇〇〇.〇〇平方メートル
〈建物の表示〉
　　所在　　東京都練馬区〇〇△丁目△番地
　　家屋番号　△番
　　構造・種類　木造瓦葺・居宅
　　床面積　〇〇平方メートル
平成〇〇年〇月〇日
　　東京都練馬区〇〇△丁目△番△号
　　　　　　〇〇〇〇　印
東京都練馬区〇〇△丁目△番△号
　　　　　　〇〇〇〇　殿

アドバイス

1　賃借権の無断譲渡または無断転貸については、当初から契約書で禁止する規定が置かれているのが一般的です。無断譲渡・転貸がなされた場合、賃貸人は契約を解除することができます。契約書には催告なしで契約を解除できる旨の規定（無催告解除特約）が置かれている場合も多いでしょう。本例も契約書に基づく無催告解除の通知です。
　ただ、契約書に規定がなくても、民法第612条で賃貸人の解除権を規定しているので、賃貸人は契約を解除することができます。
2　賃借権の無断譲渡・転貸があっても、賃貸人が異議を唱えないと黙認したとみなされる危険性があります。そのため、内容証明郵便によって、意思表示を明らかにしておくことが大切です。

102 家主が借家人に家賃の滞納分を請求する

　　　　　　　　催告書
　貴殿と当方は、平成〇〇年〇月〇日付で、下記建物を目的とし、賃料を月〇万円とする賃貸借契約を締結しました。しかしながら、貴殿は平成〇〇年〇月分から同〇〇年〇月分までの賃料総額〇〇万円を滞納しております。

　つきましては、本書面到達後7日以内に、滞納額全額をお支払いいただくようお願いいたします。万一、期限内にお支払いなき場合には、本契約を解除させていただくことも、申し添えさせていただきます。

　　　　　　　　　記
　　東京都文京区〇〇△丁目△番地
　　　　家屋番号△番
　　　　木造瓦葺2階建居宅
　　　　床面積　1階　〇〇平方メートル
　　　　　　　　2階　〇〇平方メートル

　　平成××年×月×日
　　　東京都文京区〇〇△丁目△番△号
　　　　　　　〇〇〇〇　印
　　東京都文京区〇〇△丁目△番△号
　　　　　　　〇〇〇〇　殿

アドバイス

1　本例は、建物賃貸借契約において、賃借人（借家人）が賃料を延滞しているため、賃貸人（家主）から、延滞賃料を催促するための催告書です。解除通知ではなく、その前段階として相手方に支払いを催促するものです。
2　延滞されている賃料がいつからいつまでの分で、総額がいくらになるのかも、必ず記載してください。
3　賃料の延滞は契約解除権発生のための根拠となるので、内容証明郵便という形で証拠を残しておくのがよいでしょう。

103 家主が借家人に賃料増額を請求する

賃料増額請求書

　貴殿と私は、下記建物を居住目的、賃料月〇万円として賃貸借契約を締結しています。
　しかしながら、当初の契約から〇年が経過し、物価が上昇したほか、固定資産税などの公租公課も増加しております。そのため、近傍類似の借家の賃料と比較しても、本契約の賃料を増額するのが相当と判断するに至りました。したがって、平成〇〇年〇月分より、賃料を月〇万円に増額させていただきたく、本書面によって申入れさせていただきます。

記

　東京都墨田区〇〇△丁目△番地
　　　家屋番号△番
　　　木造瓦葺2階建居宅
　　　床面積　1階　〇〇平方メートル
　　　　　　　2階　〇〇平方メートル

　平成〇〇年〇月〇日
　　　東京都墨田区〇〇△丁目△番△号
　　　　　　　　　〇〇〇〇　印
　東京都墨田区〇〇△丁目△番△号
　　　　　　　　　〇〇〇〇　殿

アドバイス

1　不動産賃貸借契約は、長期にわたるのが通常です。そのため、契約の当初に規定した賃料が相当なものでなくなることもあります。
　その場合、当事者双方から、賃料の変更を申し入れることができます。
2　本例は、賃貸人（家主）から賃借人（借家人）に対して、賃料増額を申し入れるための文例です。
　賃料の増額が正当化されるには、物価の上昇、公租公課（税金）の上昇、近傍類似の不動産賃料との比較などが理由となります。書面にも、その理由を記載しておきます。

104 家主からの賃料増額請求を拒絶する

　　　　　　　　回答書
　貴殿より送付された平成○○年○月○日付の賃料増額請求書を受領いたしました。
　貴殿の申入れを検討しましたが、平成○○年○月分より、賃料を月○万円に増額するとのご請求には、当方としては承諾することはできません。
　したがいまして、従来の月○万円の賃料を以後も継続してお支払いいたしますので、よろしくお願い申し上げます。

　　平成××年×月×日
　　　　東京都墨田区○○△丁目△番△号
　　　　　　　　○○○○　印
　　東京都墨田区○○△丁目△番△号
　　　　　　　　○○○○　殿

アドバイス

1. 本例は、賃貸人（家主）からの賃料（家賃）増額請求の申入れに対する賃借人からの拒絶回答の例を示しています。
2. 賃料増額請求に対する拒絶回答としては、現在の賃料と賃貸人の希望する増額賃料との間で、賃借人が相当と考える賃料額を提示するという回答方法もあります。
3. 賃料額について、当事者間で折り合いがつかなければ、賃借人としては債務不履行となることを避けるために、相当と考える賃料を供託（法務局に金品を預けて債務を免れること）することもできます。

105 借家人が供託した賃料を家主が受け取る場合

通知書

去る平成〇〇年〇月〇日付の内容証明郵便にて、当方は貴殿に対して、下記建物の賃貸借契約の賃料を月〇万円から月〇万円に増額する旨、請求させていただきました。

しかしながら、貴殿は増額請求に応じることなく、平成〇〇年〇月分の賃料を〇〇法務局に供託されました。そのため、当方としては右供託金を還付の上、同月分の賃料の一部として充当させていただくこととしました。

なお、右還付は、貴殿主張の賃料額を当方が容認したわけではないことを申し添えておきます。

記

東京都墨田区〇〇△丁目△番地
　　家屋番号△番
　　木造瓦葺2階建居宅
　　床面積　1階　〇〇平方メートル
　　　　　　2階　〇〇平方メートル

平成△△年△月△日
　東京都墨田区〇〇△丁目△番△号
　　　　　　〇〇〇〇　印
東京都墨田区〇〇△丁目△番△号
　　　　　　〇〇〇〇　殿

アドバイス

1　賃貸人からの賃料増額請求に対して、賃借人が増額を拒絶した場合に、従来の賃料を法務局に供託することがあります。これは、賃借人の債務不履行を避けるためのものであり、賃貸人は供託された金銭の還付を受けることができます。

2　ただ、賃貸人が何の留保もなく供託金の還付を受けると、賃借人の主張する賃料をそのまま受け入れたものと誤解される危険性があります。

そこで、内容証明郵便によって、自己の主張を撤回したわけではないことを、一言加えておくことが必要です。

106 家主が借家人の賃料滞納を理由に契約を解除する

```
            契約解除通告書
　ご承知のように、貴殿と当方は、下記条件
にて下記建物の賃貸借契約を締結しておりま
す。しかしながら、貴殿は、平成○○年○月
分から同○○年○月分までの賃料、合計○○
万円を滞納しております。
　つきましては、本書面到達後２週間以内に
、滞納額全額を支払われますようお願い申し
上げます。
　なお、右期間内にお支払いなき場合には、
あらためて解除通知をすることなく、貴殿と
の契約を当然に解除する旨、本書をもってあ
らかじめ通知いたします。
                    記
１賃貸物件
　東京都葛飾区○○△丁目△番地
２家賃
　１か月金○万円
３家賃支払期日
　翌月分を毎月末日限り支払う

　平成××年×月×日
　　東京都葛飾区○○△丁目△番△号
　　　　　　　　　○○○○　印
　東京都葛飾区○○△丁目△番△号
　　　　　　　○○○○　殿
```

アドバイス

1　賃貸借契約で賃料が滞納されれば、法律的には賃借人（借家人）の債務不履行になります。賃貸人が賃借人の債務不履行を理由に契約を解除する場合、まず、一定期間を定めて履行を促しておいて、それでも債務が履行されないときに改めて解除を通知するのが、原則的な手続きです。
　ただ、本例のように、一定期間以内に履行がなければ契約を解除する旨をあらかじめ通知しておくという方法もあります。

2　この場合、「一定期間」として、少なくとも１週間は置くようにします。

107 期間の定めのない賃貸借契約で、借家人が家主に解約を申し入れる

　　　　　　通知書
　当方は貴殿より、平成○○年○月○日以降、下記建物につき、期間の定めなく賃借してまいりました。
　ところが、このたび、当方の仕事の転勤にともない、同建物の賃借の必要がなくなりました。そのため、本書面により、本契約を解約する旨、申し入れさせていただきます。
　なお、同建物については、平成××年×月×日には明け渡したく、その点、よろしくお願い申し上げます。
　　　　　　　　記
　東京都大田区○○△丁目△番地
　　　　家屋番号△番
　　　　木造瓦葺2階建居宅
　　　　床面積　1階　○○平方メートル
　　　　　　　　2階　○○平方メートル

　平成△△年△月△日
　　　東京都大田区○○△丁目△番△号
　　　　　　　　　　○○○○　印
　東京都大田区○○△丁目△番△号
　　　　　　　　　○○○○　殿

アドバイス

1　本例は、期間の定めのない建物賃貸借契約で、賃借人（借家人）の方から、解約を申し入れる文例を示しています。
2　期間の定めのない建物賃貸借契約は、当事者はいつでも解約の申入れをすることができます。
　その場合、申入れから3か月経過して契約関係は終了しますが、賃貸人の方から申し入れた場合には、6か月経過してから契約は終了します。

108 期間満了にともない家主が契約の更新を拒絶する

　　　　　　通知書
　貴殿と当方は、下記建物について賃貸借契約を締結しておりますが、来る平成○○年○月○日に、契約期間が満了します。
　当方としては、同建物について、家族で居住の用に供する必要があるため、期間満了後は貴殿と契約更新をする意思がないことを、本書面によってご通知させていただきます。
　それゆえ、期間満了後は、速やかに同建物を明け渡していただくよう、よろしくお願いいたします。

　　　　　　　　記
　東京都中野区○○△丁目△番地
　　　　家屋番号△番
　　　　木造瓦葺2階建居宅
　　　　床面積　1階　○○平方メートル
　　　　　　　　2階　○○平方メートル

　平成△△年△月△日
　　　東京都中野区○○△丁目△番△号
　　　　　　　　○○○○　印
　東京都中野区○○△丁目△番△号
　　　　　　　　○○○○　殿

アドバイス

1　期間の定めのある建物賃貸借契約については、賃貸人（家主）は、期間満了の1年前から6か月前までの間に、更新拒絶の通知をしなければならないので注意してください。
2　賃貸人からの更新拒絶が認められるためには、「正当の事由」が必要です。この「正当の事由」があるかどうかは、賃貸人にとっての建物の必要性、契約締結の経緯、建物の利用状況や現況、立退料の有無など諸般の事情に照らして判断されます。

109 家主から更新を拒絶された借家人が契約の更新を求める場合

回答書

　貴殿より、賃貸借契約更新拒絶を内容とする、平成△△年△月△日付の内容証明郵便を受領しました。

　当方は、同建物に長年居住してきており、当方の仕事や子供の通学の面で必要不可欠なものとなっております。したがいまして、貴殿からの更新拒絶請求を受け入れることは難しく、本契約を更新していただけるよう、何卒、お願い申し上げます。

　平成××年×月×日
　　東京都中野区〇〇△丁目△番△号
　　　　　　〇〇〇〇　　印
　東京都中野区〇〇△丁目△番△号
　　　　　　〇〇〇〇　　殿

アドバイス

1　建物賃貸借契約では、賃貸人（家主）が更新を拒絶するには「正当の事由」が必要ですが、その判断は、賃貸人にとっての建物の必要性、契約締結の経緯、建物の利用状況や現況、立退料の有無など諸般の事情に照らして行なわれます。
　これは、一言で言えば、賃貸人と賃借人のいずれにとって建物がより必要とされるかを比較することを意味しています。

2　更新を希望する場合には、賃借人にとって建物が賃貸人以上に必要不可欠であることを強調しておく必要があります。

110 家主が期間満了を理由に借家人に明渡しを請求する

通知書

貴殿と当方との間で締結していた、下記建物の賃貸借契約につきましては、平成△△年△月△日付通知書において更新しない旨ご通知申し上げましたとおり、平成○○年○月○日をもって本契約は期間満了により終了いたしました。

したがいまして、貴殿におかれましては、遅滞なく同建物を明け渡していただきますよう、よろしくお願い申し上げます。

なお、速やかなる明渡しなき場合には、当方としては法的措置を取る用意があることも、申し添えさせていただきます。

記

東京都台東区○○△丁目△番地
　　家屋番号△番
　　木造瓦葺2階建居宅
　　床面積　1階　○○平方メートル
　　　　　　2階　○○平方メートル

平成□□年□月□日
　東京都台東区○○△丁目△番△号
　　　　　○○○○　印
　東京都台東区○○△丁目△番△号
　　　　　○○○○　殿

アドバイス

1　賃貸借期間が満了したにもかかわらず、賃借人（借家人）がそのまま建物を使用し続けていて、それに対して賃貸人（家主）が何の異議も述べないと契約が更新されたものとみなされることになります。

2　そのため、期間満了前にあらかじめ内容証明郵便によって更新拒絶の意思を明示しておきます。本例は、その後の建物明渡しを請求する文例です。

3　それでも、賃借人が建物を明け渡さない場合には、法的措置も辞さない旨の記載をしておくと効果的でしょう。

111 借家人が家主に雨漏りの修繕を請求する

修繕請求書

　私は貴殿との間で下記建物について、賃貸借契約を締結して居住しております。

　しかしながら、先月来、2階の居間と廊下の天井部分で雨漏りがしております。私のほうで一応調べてはみましたが、正確な原因は不明な状況です。このままでは、居住に不便を生じますので、ご点検の上、修繕のほど何卒よろしくお願い申し上げます。

記

（建物の表示）
1　所在　　　　○○市○○町○丁目○番
2　家屋番号　　○○○番○
3　種類　　　　居宅
4　構造　　　　木造瓦葺2階建て
5　床面積　　　○○○.○平方メートル

　平成○○年○月○日

　　○○県○○市○○町○丁目○番○号
　　　　　　　　　　○○○○　印
○○県○○市○○町○丁目○番○号
　　　　　　　　　○○○○　殿

アドバイス

1　民法の規定によると、賃貸借契約を結んだ場合、賃貸人は、賃借人に対して賃貸物件を使用収益させる義務を負います。そのため、賃貸物件の修繕は賃貸人がするのが原則です。

2　ただ、契約によって、通常の修繕は賃借人がすべきであるとする規定が設けられていることがよくあります。修繕請求をする前に一応契約書を熟読してください。

3　賃貸人が原因を調査するために建物に立ち入ることもあります。それに備えて、立ち入りの日時を打ち合わせたい旨を記載しておいてもよいでしょう。

112 借家人が自分で雨漏りの修繕をする旨を通知する

通知書

　すでに３回ほどご通知させていただいておりますように、私が貴殿より賃借している住居用建物は雨漏りがしております。貴殿に対して修繕を請求いたしてまいりましたが、現在まで貴殿より前向きのご返事はいただいておりません。このままでは私どもの生活にも支障を来たす結果となります。

　そのため、下記の要領にて、当方において雨漏りの修繕をさせていただくことと相なりました。修繕費は工事完了後に請求させていただきます。

　もし、本修繕に対してご異議がある場合には、平成□□年□月□日までに文書にてご通知いただくよう、お願い申し上げます。

記

1　着工日　　　　平成△△年△月△日
2　請負人　　　　株式会社△△建築
3　修繕費見積り　△△△万円

平成○○年○月○日
　　○○県○○市○○町○丁目○番○号
　　　　　　　　　○○○○　印
○○県○○市○○町○丁目○番○号
　　　　　　　　　○○○○　殿

アドバイス

1　原則として、賃貸建物の修繕義務は賃貸人にあります。そのため、もし賃貸人の方で修繕してくれない場合には、賃借人が自分で修繕して、かかった費用を賃貸人に対して請求することもできます。

2　ただ、修繕を通り越して、建物の価値を増加させるような工事を行なった場合には、すぐにその費用を請求することはできず、賃貸借契約終了後に請求できることになります。

3　修繕費については、賃料と相殺（２人の者が互いに同種の債権を持っている場合に、対当額で債権を消滅させること）する旨を記載してもよいでしょう。

113 借家人が家主に対して造作買取請求をする

造作買取請求書

貴殿と当方とで締結しておりました下記建物を目的とする賃貸借契約は、去る平成○○年○月○日をもって期間満了により終了いたしました。

つきましては、当方が同建物につき、貴殿の承諾を得て設置した造作「□□□」と「□□□」について、時価○○万円にてお買い取りいただきたく、ここに請求させていただきます。

記

東京都世田谷区○○△丁目△番地
　　家屋番号△番
　　木造瓦葺2階建居宅
　　床面積　1階　○○平方メートル
　　　　　　2階　○○平方メートル

平成□□年□月□日
　　東京都世田谷区○○△丁目△番△号
　　　　　　　　○○○○　印
東京都世田谷区○○△丁目△番△号
　　　　　　　　○○○○　殿

アドバイス

1　建物の賃貸借契約では、賃借人（借家人）は長い契約期間の間に、建物にある程度の資本を投下します。
　そこで、契約終了のときに、賃借人が投下した資本を回収することができるよう、造作買取請求権が認められています。造作買取請求権とは、賃貸人（家主）の同意を得て、借家人が建物に備え付けた畳や建具などの造作を、賃貸借契約終了のときに家主に買い取ってもらう権利です。
2　ただ、買取請求が認められる造作は、設置の際に賃貸人の同意を得たものに限られるので注意してください。
3　造作の買取価格は時価となりますが、実際のところ、本来の価格、使用年数、消耗の程度などから判断されます。

114 家主が借家人からの造作買取請求を拒絶する場合

回答書

貴殿より造作買取請求を内容とする平成□□年□月□日付の内容証明郵便を受領いたしました。

貴殿の請求について検討しましたが、造作「□□□」と「□□□」の設置につき、当方が承諾をしたという事実はありません。従いまして、これらの造作につき、早急に撤去の上、建物を明け渡していただけるよう、よろしくお願いいたします。

平成××年×月×日
　東京都世田谷区○○△丁目△番△号
　　　　　○○○○　印
東京都世田谷区○○△丁目△番△号
　　　　　○○○○　殿

アドバイス

1　造作買取請求権が認められるためには、造作設置のときに賃貸人（家主）の承諾を得ていることが必要です。
　本例は、造作設置のときに賃貸人の承諾がなかったとして、賃借人からの買取請求を拒絶する内容の文例となっています。
2　この他に、買取請求は認めるが買取価格に同意できないとする場合の回答もありえます。その場合、買取価格についての交渉を呼びかける文言を記載しておくとよいでしょう。

115 借家人が無断で増築した部分を撤去するよう請求する

通告書

　貴殿と当方は、下記建物を目的とする賃貸借契約を締結しておりますが、その第○条では、賃貸人の承諾なき増改築を禁止しております。

　しかしながら、貴殿は、当方の承諾なく、同建物の1階南側部分に温室を増築しております。これは明らかに契約違反なので、本書面到達から3週間以内に増築部分を撤去されますよう、お願い申し上げます。

　なお、右期間内に撤去されない場合には、本契約を解除させていただきますので、何卒よろしくお願いいたします。

記

　東京都新宿区○○△丁目△番地
　　　家屋番号△番
　　　木造瓦葺2階建居宅
　　　床面積　1階　○○平方メートル
　　　　　　　2階　○○平方メートル

　平成□□年□月□日
　　東京都新宿区○○△丁目△番△号
　　　　　　　○○○○　印
　東京都新宿区○○△丁目△番△号
　　　　　　　○○○○　殿

アドバイス

1　建物賃貸借では、増改築をする場合には賃貸人（家主）の承諾を得ることが必要です。
　本例では、その規定に反して、賃借人が承諾なく増改築を開始したため、その中止を求める文例を示しています。

2　増改築の事実を知りながら、そのまま異議を述べないと、黙認したものと受け取られる危険性があります。ですから、証拠として残る内容証明郵便によって、明確に異議を述べておくべきでしょう。

116 無断増改築部分を撤去しない借家人に契約解除を通知する

通知書

　当方は、去る平成□□年□月□日付の内容証明郵便によって、貴殿に対して賃貸中の下記建物の増築について、当方の承諾がないことを理由に、撤去を請求いたしました。

　しかしながら、右書面に記載した期間を過ぎても、貴殿は右増築部分を撤去しませんでした。そのため、本書面により貴殿との賃貸借契約を解除させていただきます。貴殿としては、遅滞なく同建物を原状に復した上、当方に明け渡されるよう請求いたします。

記

東京都新宿区○○△丁目△番地
　　家屋番号△番
　　木造瓦葺2階建居宅
　　床面積　1階　○○平方メートル
　　　　　　2階　○○平方メートル

平成○○年○月○日
　　東京都新宿区○○△丁目△番△号
　　　　　　○○○○　印
東京都新宿区○○△丁目△番△号
　　　　　　○○○○　殿

アドバイス

1　本例は、建物の賃借人（借家人）が賃貸人（家主）の承諾なく増改築を施したのに対し、前もって内容証明郵便により撤去を請求した上で、請求に応じないため契約を解除する旨を示したものです。

2　解除には前もって撤去を請求しておくことが必要なので、以前に請求した内容証明郵便の日付を記載しておきます。

3　ただ、増改築の程度が些細な場合には、賃貸借契約当事者間の信頼関係はまだ破壊されていないとして、解除が認められないこともあります。

117 借家人が家主に修繕費を請求する

請求書

　ご承知のように、当方は貴殿と下記建物について平成○○年○月○日に賃貸借契約を締結し、現在、同建物を使用しております。

　しかし、入居後間もなく、同建物内の電気系統に支障があることが判明しました。当方は貴殿に対し、修理工事を何度か依頼しましたが、いっこうに実行されないため、当方にて業者に依頼して修理を完了いたしました。

　そこで、当方が支出した修理費○○万円につき、本書面到達後7日以内に○○銀行○○支店普通預金口座、口座番号××××××××、口座名義○○○○に振込送金の上お支払いいただくよう、お願い申し上げます。

記
　　東京都足立区○○△丁目△番地
　　　　家屋番号△番
　　　　木造瓦葺2階建居宅
　　　　床面積　1階　○○平方メートル
　　　　　　　　2階　○○平方メートル

平成××年×月×日
　　東京都足立区○○△丁目△番△号
　　　　　　　　○○○○　印
東京都足立区○○△丁目△番△号
　　　　　　　　○○○○　殿

アドバイス

1　法律上は、賃貸人は賃貸目的物の修繕にかかる費用を負担しなければなりません。もし、賃借人が修繕費用を負担した場合には、必要費として、これを賃貸人に請求することができます。これを費用償還請求権といいます。
2　ただ、この費用償還請求権については、契約上、特約を設けることによって排除することもできます。請求する前に、当初の契約書を確認しておいてください。

118 借家の明渡後に敷金の返還を請求する

請求書

　貴殿と当方は、下記建物について賃貸借契約を締結しておりましたが、同契約は平成○○年○月○日をもって終了し、当方は同建物を貴殿に明け渡しました。

　同契約締結に際し、当方は貴殿に対して、敷金○○万円を交付し、右敷金は建物明渡後１か月以内に返還されるということでした。

　しかしながら、同建物明渡後、すでに１か月を経過していますが、いまだに敷金の返還がなされていません。従いまして、早急に○○銀行○○支店普通預金口座、口座番号××××××、口座名義○○○○に振込送金の上返還されますよう、本書面により請求させていただきます。

記

東京都荒川区○○△丁目△番地
　　　家屋番号△番
　　　木造瓦葺２階建居宅
　　　床面積　１階　○○平方メートル
　　　　　　　２階　○○平方メートル
平成××年×月×日
　　東京都荒川区○○△丁目△番△号
　　　　　　　○○○○　印
東京都荒川区○○△丁目△番△号
　　　　　　　○○○○　殿

アドバイス

1　建物の賃貸借契約では、契約時に賃借人から賃貸人に対して、敷金として一定の金銭が交付されるのが一般的です。敷金は賃貸借契約に関係して発生する賃借人の債務を担保する性質を持っています。とくに、賃料の滞納や建物の損傷がない限りは、敷金は全額返還されるのが原則です。

　返還請求できるのは、契約終了時ではなく、建物の明渡終了時です。

2　建物を通常の用法で使用していてできる損耗については、敷金から修繕費にあてることはできません。しかし、この点で当事者間で見解の相違が生じることはよくあるので、注意してください。

119 借家人が家主に賃借権譲渡について承諾を求める

ご通知

　当方は貴殿と下記建物につき、賃貸借契約を締結し、現在、使用させていただいております。

　しかしながら、このたび新居を建築することとなり、いずれ近いうちにそちらへ転居する予定となりました。そこで、同建物の賃借権につき、居住を希望している〇〇〇〇氏に譲渡いたしたく、貴殿の承諾を本書面によりお願い申し上げます。

　〇〇〇〇氏は、株式会社××商事の常務取締役を務め、社会的信用も高い人物なので、新しい賃借人として何ら問題はないと思われます。ご承諾いただけますよう、何卒よろしくお願い申し上げます。

記

　東京都練馬区〇〇△丁目△番地
　　　家屋番号△番
　　　木造瓦葺2階建居宅
　　　床面積　1階　〇〇平方メートル
　　　　　　　2階　〇〇平方メートル
　平成〇〇年〇月〇日
　　　東京都練馬区〇〇△丁目△番△号
　　　　　　　〇〇〇〇　印
　東京都練馬区〇〇△丁目△番△号
　　　　　　　〇〇〇〇　殿

アドバイス

1　賃借権の譲渡や転貸については、賃貸人の承諾が必要である旨を契約書で規定しているのが一般的です。民法にも、賃借権の無断譲渡や転貸（また貸し）は、契約解除の理由となることが規定されているので、本例のように、前もって賃貸人の承諾を求めておきます。

2　新しく賃借人となる者がどのような人物であるかは、賃貸人にとって重要な関心事なので、譲渡を予定している人物の、職業、地位などもできるだけ記載しておくべきです。

120 家主が賃借権の譲渡を承諾する場合

　　　　　　　回答書
　貴殿よりご送付いただいた、平成○○年○月○日付の内容証明郵便を受領いたしました。
　貴殿の希望される賃借権の譲渡につき、検討させていただきましたが、賃借人としての○○○○氏の資力につき、今ひとつ不安が残るため、貴殿が同氏の連帯保証人となられることを条件として、賃借権の譲渡を承諾させていただきます。
　同条件に対する貴殿よりのご回答をお待ち申し上げております。

　　平成××年×月×日
　　　　東京都練馬区○○△丁目△番△号
　　　　　　　　　　○○○○　印
　　東京都練馬区○○△丁目△番△号
　　　　　　　　　　○○○○　殿

アドバイス

1　賃借権の譲渡につき賃貸人（家主）の承諾を求める賃借人（借家人）の請求に対しては、賃貸人としては、拒否、無条件承諾、条件付き承諾の回答がありえます。
　本例では、条件付き承諾の文例を示しています。
2　この他の条件としては、ある程度の金額の承諾料の請求などがあります。また、譲受予定者と面談してから、決定するのもよいでしょう。
3　条件付き承諾の回答をする場合、賃借人からの再度の回答を待つことになるので、その旨も記載しておきます。

121 家主が賃借権の無断譲渡を理由に契約を解除する

通知書

　貴殿と当方とは、下記建物の賃貸借契約を締結してまいりましたが、同契約の第○条では、賃貸人の承諾なく同建物を第三者に譲渡または転貸することを禁じています。

　しかしながら、貴殿は当方の承諾なく、○○○○氏に同建物を使用させていることが判明しました。これは、賃貸借契約第○条で禁止している、建物の無断譲渡または転貸に該当します。

　従いまして、当方は、第×条に基づいて本賃貸借契約を解除する旨、本書面により通知させていただきます。つきましては、早急に同建物を明け渡していただきたく、よろしくお願い申し上げます。

記

東京都台東区○○△丁目△番地
　　家屋番号△番
　　木造瓦葺2階建居宅
　　床面積　1階　○○平方メートル
　　　　　　2階　○○平方メートル
平成○○年○月○日
　　東京都台東区○○△丁目△番△号
　　　　　　○○○○　印
東京都台東区○○△丁目△番△号
　　　　　○○○○　殿

アドバイス

1　建物賃貸借契約の場合も、土地賃貸借契約の場合と同様に、賃借人が無断で目的物である不動産を第三者に譲渡したり転貸したりすると、原則として、賃貸人は契約を解除することができます。
2　ただ、不動産賃貸借契約は、賃貸人と賃借人との間の人的な信頼関係に基づいた契約です。ですから、基盤となっている人的な信頼関係が破壊されていない特別な事情がある場合には、たとえ無断譲渡または転貸があっても、賃貸人は契約を解除できないことがあります。その点、留意しておいてください。
3　本例は、契約第○条および第×条において、無断譲渡・転貸があった場合には無催告解除ができる旨を定めている場合を前提にしています。

122 家主が借家人に迷惑行為の禁止を申し入れる

通告書

　貴殿と当方は、東京都北区○○△丁目△番△号所在の○○マンション○○○号室の賃貸借契約を締結しており、同契約第○条では、近隣に対する騒音などによる迷惑行為を禁止しております。

　しかしながら、貴殿は、毎晩深夜に至るまで多くの客を室内に招き入れ、音楽演奏をするなどして騒音を発しています。そのため、同マンション並びに近隣の住民から、当方に対して再三再四苦情が寄せられています。

　今後、同様に迷惑行為を繰り返すようであれば、当方としては貴殿との本契約を解除することとなりますので、何卒、ご了承ください。

　　平成○○年○月○日
　　　東京都北区○○△丁目△番△号
　　　　　　　　○○○○　印
　　東京都北区○○△丁目△番△号
　　　　○○マンション○○○号室
　　　　　　　　○○○○　殿

アドバイス

1　賃貸借契約書では、近隣への迷惑行為を禁止条項に掲げて、それに違反した場合には、賃貸人に解除権が発生する旨を規定していることがあります。本例も、契約書の禁止条項に基づいて解除を予告する通知です。

2　契約書に禁止条項がない場合にも、騒音などによる近隣への迷惑行為が激しい場合には、契約を解除することができます。
　ただ、そのためには当事者間の信頼関係が破壊されたと評価されなければならないので、抗議を申し入れていたという事実を、内容証明郵便によって残しておくべきです。

123 家主が借家人にペットの飼育をやめさせる

通知書

貴殿と当方は、東京都港区○○△丁目△番△号所在のハイツ□□の○号室の賃貸借契約を締結しておりますが、同契約第○条では、室内でのペット等の飼育を禁止しています。

しかしながら、このたび、貴殿が室内において小型犬を飼育していることが判明しました。同行為は明らかな違反行為であり、同ハイツの他の住民からも犬の鳴き声などについて苦情が当方に寄せられております。

従いまして、早急に犬の飼育を中止されるよう、お願い申し上げます。

平成○○年○月○日
　　東京都港区○○△丁目△番△号
　　　　　　　○○○○　印
東京都港区○○△丁目△番△号
　　　　　ハイツ□□○号室
　　　　　　○○○○　殿

アドバイス

1　近年のペットブームを反映して、ペットの飼育が許されている集合住宅も、最近ではよく見られるようになりました。
　ただ、今でも、多くの集合住宅では動物の飼育を禁止しており、契約書でも明文で禁止しているのが一般的です。
2　動物の飼育が判明したからといって、すぐに契約違反を理由に契約を解除できるわけではありません。ただ、賃貸人からの再三再四の注意にも関らず、賃借人が違反行為を続けるようであれば、信頼関係が破壊されたとして、契約を解除できることになります。

124 家主が替わったことを旧家主から賃借人に通知する

通知書

ご承知のように、貴殿と当方は、下記建物につき、賃貸借契約を締結しておりました。

しかしながら、平成○○年○月○日をもって同建物の所有権と賃貸人たる地位を、当方より○○○○氏（東京都千代田区○○△丁目△番△号）に譲渡いたしました。そのため、新契約書を作成することとなりましたのでよろしくお願い申し上げます。なお、平成○○年○月分以後の賃料については、同氏にお支払いいただくよう、あわせてお願いいたします。

記

　東京都中央区○○△丁目△番地
　　　　家屋番号△番
　　　　木造瓦葺2階建居宅
　　　　床面積　1階　○○平方メートル
　　　　　　　　2階　○○平方メートル

　平成○○年○月○日
　　　　東京都中央区○○△丁目△番△号
　　　　　　　　　○○○○　印
　東京都中央区○○△丁目△番△号
　　　　　　　　　○○○○　殿

アドバイス

1　不動産賃貸借契約では、目的物の所有者が賃借人に使用・収益させる義務を負います。そのため、目的物である土地または建物の所有権が移転した場合には、原則として、賃貸人の地位も新所有者に移転することになります。

2　賃貸人の地位が移転する場合は、新しい契約書を作成するのが通常です。本例では、賃貸人の地位の移転と新契約書作成を通知する文例を示しています。

125 相続によって家主が替わったことを賃借人に通知する

通知書

すでにご承知のように、貴殿と〇〇〇〇との間では、下記建物につき賃貸借契約が締結されていました。しかしながら、去る平成〇〇年〇月〇日に、〇〇〇〇は他界し、同建物の所有権および賃貸人たる地位は、当方こと××××が相続することとなりました。

つきましては、平成〇〇年〇月分以降の賃料については、下記銀行口座に振り込まれますよう、よろしくお願い申し上げます。

記

〈建物の表示〉
東京都板橋区〇〇△丁目△番地
　　　家屋番号△番
　　　木造瓦葺2階建居宅
　　　床面積　1階　〇〇平方メートル
　　　　　　　2階　〇〇平方メートル

〈銀行口座〉
　　　〇〇銀行△△支店
　　　普通口座　No.□□□□□□□
　　　名義人　××××

平成××年×月×日
　　　東京都板橋区〇〇△丁目△番△号
　　　　　　　××××　印

東京都板橋区〇〇△丁目△番△号
　　　　　　□□□□　殿

アドバイス

1　建物の賃貸借契約が継続している間に、賃貸人が死亡した場合には、その建物の所有権を相続した者が、原則として、賃貸人の地位を承継します。
2　相続があった場合には、できるだけ早く賃借人に通知すべきです。本例は、相続により賃貸人の地位の承継が生じた場合に、相続人が賃借人にその旨を通知した文例です。
　書面には、相続があったという事実と新しい賃貸人（相続人）、そして賃料の支払方法を記載します。
3　このようなケースでは、新しい契約書を作成するほうが、後日のトラブルを避けることができるのでよいでしょう。

第 9 章

個人生活・悪質商法にまつわる基本文例

126 婚約を破棄されたので結納金の返還を請求する

通知書

　私とあなたとは、平成××年×月以降交際を継続してきて、去る平成△△年△月△日には、双方の両親立会いの下で結納を取り交わし、婚約が成立しました。

　ところが、先日、平成□□年□月□日にあなたから、他に結婚したい男性が現われたので、婚約を解消したいとの一方的な申入れがありました。

　あなたの行為は、背信的な婚約の破棄になります。従いまして、結納時に交付した結納金○○万円の返還および慰謝料○○万円を請求させていただきます。

　なお、この文書の到達後2週間以内に、誠意ある対応のない場合には、当方としては、法的手段を取る用意があることを念のため申し添えておきます。

　平成○○年○月○日
　　東京都葛飾区○○△丁目△番△号
　　　　　　○○○○　印
東京都豊島区○○△丁目△番△号
　　　　　　○○○○　殿

アドバイス

1　婚約は、法律的には「婚姻の予約」となります。一種の契約なので、正当な理由なくこれを破棄することは、債務不履行ということになり、損害賠償責任（慰謝料）が発生します。
2　結納は一つの儀式ではありますが、婚約が成立したことの客観的な証明になります。
　結納金は、結婚を条件とする金銭の交付です。ですから、婚約が解消されれば法律的な根拠がなくなるので、交付を受けた側には返還義務が発生します。これは、損害賠償責任（慰謝料）とは区別されるものです。

127 婚約を破棄されたので慰謝料を請求する

請求書

　私と貴殿とは、平成××年×月×日に結納を取り交わし、正式に婚約いたしました。その後、私は、結婚式場の予約をはじめとする結婚式の準備、結婚生活の準備などを進めてきました。

　ところが、去る平成□□年□月□日に貴殿から、突然かつ一方的に、婚約を破棄する旨の通告を受けました。この貴殿の背信的な行為によって、私としては、多大な経済的、精神的損害を被りました。

　したがって、ここに貴殿に対して、婚約の不当破棄にともなう損害賠償として下記金額を請求いたします。

　　　　　　　　　記

　金○○○万円
　　内訳　式場キャンセル料　　○○万円
　　　　　衣装代　　　　　　　○○万円
　　　　　結婚生活準備費用　　○○万円
　　　　　慰謝料　　　　　　　○○万円

　平成○○年○月○日
　　東京都日野市○○△丁目△番△号
　　　　　　　　　　○○○○　印
　東京都町田市○○△丁目△番△号
　　　　　　　　　　○○○○　殿

アドバイス

1　婚約を正当な理由なく一方的に破棄することは債務不履行となり、損害賠償責任が発生します。
　正当な理由とは、病気、経済的状況の変化といった婚姻生活をしていくために障害となる客観的な事情の変化のことです。
2　この場合の損害の範囲は、婚姻のために支出した費用（結婚式場の準備、衣装代、結婚生活のために購入した家具などの費用など）と精神的なダメージを金銭に換算した慰謝料です。

128 別居している配偶者に協議離婚を申し入れる

　　　　　通知書
　私と貴殿とは昭和□□年□月□日に結婚して以来、１５年間にわたって生活をともにしてきました。
　しかし、平成××年×月以降、貴殿は家を出て、愛人である○○○○と生活をともにするようになりました。このような事態に至っては、これ以上夫婦関係を維持することは困難であると考えます。
　したがって、離婚後の子供の養育費、財産分与、慰謝料などについて、話し合いをもちたいので、早急にご連絡くださるようにお願いいたします。

　平成○○年○月○日
　　　東京都足立区○○△丁目△番△号
　　　　　　　　　○○○○　印
　東京都文京区○○△丁目△番△号
　　　　　　　　　○○○○　殿

アドバイス

1　離婚には四つの形態があります。①協議離婚、②調停離婚、③審判離婚、④裁判離婚です。
　まず、協議離婚から検討するのが普通ですが、本例では、すでに別居状態に入っている配偶者に対して、協議離婚を申し入れる例を取り上げています。
2　協議離婚が成立しない場合には、家庭裁判所に対して調停を申し立てます。原則として、調停手続きを経ないで離婚のための訴訟を提起することはできません。これを「調停前置主義」といいます。
　調停が不成立なら、訴訟になります。ただ、裁判離婚では離婚原因が限定されているので注意してください。

129 夫の不倫相手に交際の中止を求める

請求書

　私は、○○○○の法律上の配偶者であります。昨年来、あなたと○○○○は週末をあなたのマンションで過ごしたり、ともに旅行に行くなどして、男女の関係を継続しています。

　あなたのこうした行為は、法律的にも不法行為を構成するものであります。

　従いまして、私は、あなたに対して、主人との交際を直ちに中止するよう、本書面をもって請求するものであります。もし、お聞き届けいただけない場合には、私としてもやむを得ず法的措置を取らせていただく覚悟であります。

　　平成○○年○月○日
　　　東京都足立区○○△丁目△番△号
　　　　　　○○○○　印
　　東京都文京区○○△丁目△番△号
　　　　　　○○○○　殿

アドバイス

1　不倫は、どちらから誘ったかにかかわらず、民法上の不法行為を構成します。ただ、継続的でない場合には、できれば夫婦間で話し合って解決したほうがよいでしょう。

2　書面で請求する以前に、何らかの証拠・証人は確保しておくべきです。確保したら、それに沿って具体的事実を指摘して、書面を作成します。

3　配偶者との関係もあるので、表現方法などには十分に気をつけてください。

130 母親が父親に子供の認知を請求する

認知請求書

　ご承知のように私と貴殿は、平成××年×月より交際をしてまいりました。そして、平成△△年△月に、貴殿が他の女性と恋愛関係になったため、私と貴殿の関係は解消しました。

　しかし、その後に私が貴殿との間の子供を懐妊していることが判明し、去る平成□□年□月□日に私は男児を出産しました。以降、何度となく、私は貴殿に対して出産した子供の認知を請求してきましたが、今日に至るまで何らの回答も得られておりません。

　したがって、ここに、貴殿に対し出産した子供に対する認知を請求いたします。なお、本書面到達後2週間以内に、貴殿から誠意ある回答が得られない場合には、法的な手段に訴える用意があることを念のため申し添えておきます。

　平成○○年○月○日
　　東京都目黒区○○△丁目△番△号
　　　　　　　○○○○　印
　東京都福生市○○△丁目△番△号
　　　　　　　○○○○　殿

アドバイス

1　婚姻関係にない男女間の子供に対する認知を請求するケースの文例です。
2　認知されることによって、子供と父親との親子関係が生じます。その結果、父親に対して扶養請求権が発生し、生活費などの請求が可能になります。また、父親の相続人となります。
3　請求にもかかわらず認知をしない場合には、訴訟を提起することになります。形式的には、子供が父親に対して訴えを起こすことになりますが、ほとんどが未成年者なので、母親が子供の法定代理人として手続きをします。

131 親権者が子の引渡しを請求する

通知書

　貴殿もご承知のように、私と貴殿とは、去る平成××年×月×日に離婚いたしました。しかし、長男○○と長女○○の親権をめぐって対立があったため、家庭裁判所にて親権者決定のための調停をしておりました。その結果、平成△△年△月△日に調停が成立し、2人の子供の親権者は私に決定しました。しかしながら、現在に至るまで、2人の子供は貴殿が監護している状態です。

　したがって、2人の子供を早急に引き渡していただきたく、ここに請求します。なお、この文書が到達してから2週間以内に誠意ある対応がない場合には、法的措置を取ることも申し添えておきます。

　　平成○○年○月○日
　　　東京都武蔵野市○○△丁目△番△号
　　　　　　　○○○○　印
　東京都三鷹市○○△丁目△番△号
　　　　　　○○○○　殿

アドバイス

1　離婚をする夫婦に未成年の子供がいる場合には、必ず子供の親権者を決定します。
　しかし、いずれが親権者になるかについて話し合いがつかない場合は、家庭裁判所での調停または審判によって親権者が決定されます。
2　親権者となった親は、子供を監護し、教育をする権利と義務を負います。ですから、親権者が決定した後に、まだ子供が親権者となった親の下に移っていない場合には、親権者は相手に対して引渡しを請求することができます。
3　期限を切って、法的措置を取る可能性についても触れておくと効果的でしょう。

132 元夫に対して子供の養育費を請求する

催告書

　私と貴殿は平成××年×月×日付で協議離婚いたしました。そして、その際の合意として、長男○○の親権者が私であり、貴殿は○○が成年に達するまでの間、養育費を毎月○万円ずつ支払うこととなりました。

　ところが、平成□□年□月分より現在に至るまで、支払いが滞っております。滞納額は総額で○○万円となります。

　したがって、滞納額○○万円を早急に支払われたく、ここに請求させていただきます。

　なお、本催告書到達後2週間以内に、誠意ある対応のない場合には、法的措置を取る用意があることを申し添えます。

　　　平成○○年○月○日
　　　　東京都練馬区○○△丁目△番△号
　　　　　　　　○○○○　印
　　　東京都品川区○○△丁目△番△号
　　　　　　　　○○○○　殿

アドバイス

1　裁判所で行なう調停離婚や裁判離婚では、離婚だけではなく、子供の親権者、養育費についても決定されます。その内容も調停調書や判決書に記載されるため、強い法的効力が生じます。
　もちろん、当事者の話し合いによる協議離婚でも、合意した養育費の支払いについては、法的な効力が認められます。ただ、滞納などのトラブルが生じたときには証拠が必要であるため、合意の書面を作成しておくべきです。
2　一定期間の期限を切って、法的措置を取る可能性を示しておいたほうが効果的でしょう。

133 相続人の一人が他の相続人に遺産分割協議を申し入れる

遺産分割協議申出書

　父の死後、慌しく時が過ぎてまいりましたが、葬儀なども無事終了し、ようやく一段落がつきました。

　そこで、父の残した不動産や有価証券、預貯金などの遺産について、相続人全員で集まって、協議したく存じます。つきましては、平成○○年○月○日、拙宅にて会合をもちたく、ここに通知させていただきます。

　なお、当日ご都合が悪いようでしたら、ご一報いただければ日程を調整させていただきますので、よろしくお願い申し上げます。

　　平成○○年○月○日
　　　　東京都台東区○○△丁目△番△号
　　　　　　　○○○○　印
　　東京都文京区○○△丁目△番△号
　　　　　　　○○○○　殿

アドバイス

1　被相続人が遺言によって相続分や遺産分割方法の指定をしていない場合、相続人全員が集まって遺産分割協議を行ない、遺産をどのように分配するのかを決めます。
　本例は、他の相続人に対して遺産分割協議を申し入れるものです。相続人同士の争いがあるなどして連絡がとりにくい場合には、内容証明郵便を利用するとよいでしょう。

2　一応、民法には法定相続分が規定されていますが、それとは異なった配分をしてもかまいません。たとえば、不動産は1人が相続し、他の相続人には不動産の持分相当額を現金で分配するといったこともできます。

3　遺産分割協議は相続人全員で行なわなければなりません。後日のトラブルを避けるため、協議書は作成しておくべきです。協議しても合意に達しない場合には、裁判所に遺産の分割を請求することもできます。

134 詐欺を理由に訪問販売契約の取消しをする

通知書

　平成△△年△月△日、当方は、自宅に訪れた貴社の訪問販売員の勧めにより、貴社の商品「□□□」を代金○○万円で購入する契約を締結しました。

　その際、訪問販売員の説明によると、当該商品には××××という性能があるとのことでした。しかし、実際にはそのような性能はなく、そのため使用に耐えない製品であることが判明しました。

　当方の商品購入の意思決定は、貴社の訪問販売員の説明によるものでした。そのため、本契約は民法９６条１項に基づき、詐欺として取消しさせていただきます。代金○○万円については早急に返還していただくよう、ここに請求いたします。

　　平成○○年○月○日
　　　　東京都中野区○○△丁目△番△号
　　　　　　　　　　　○○○○　印
　東京都新宿区○○△丁目△番△号
　　　　株式会社○○販売
　　　　代表取締役　　○○○○　殿

アドバイス

1　訪問販売によって契約を締結した場合、８日以内であれば、クーリング・オフによって契約を解消することができます。
　この８日間は、販売員などから契約内容を記載した書面を受け取った日から計算します。

2　８日間の期間が過ぎた場合でも、契約を締結するときに、販売員の言動に消費者を錯誤に陥れる要素があった場合は、詐欺を理由に取り消すことができます。この取消権は５年間行使することができます。
　本例は、クーリング・オフの期間を過ぎた後に、詐欺を理由とする契約の取消しを通知するものです。

3　内容証明郵便には、契約を締結した日付と内容、そして販売員の言動について具体的に記載し、契約を取り消す意思のあることを明らかにします。

135 キャッチセールスによる購入の申込みを撤回する

通知書

　当方は、平成△△年△月△日午後△時頃に、○○駅前のロータリーでバスを待っていたところ、貴社の販売員に声をかけられました。そして、駅前の喫茶店に同行し、貴社の販売する商品「□□□」の説明を受け、執拗な勧誘の結果、購入申込書に記名・捺印しました。

　しかし、当方としては商品「□□□」は不要であると判断するに至りました。そのため、特定商取引に関する法律第９条に基づき、本書面をもって右購入申込みを撤回させていただきます。

　　　平成○○年○月○日
　　　　東京都墨田区○○△丁目△番△号
　　　　　　　　　　○○○○　印
　　東京都中央区○○△丁目△番△号
　　　　有限会社○○商事
　　　　代表取締役　○○○○　殿

アドバイス

1　キャッチセールスにあって、気の進まないまま、商品購入の申込みをしてしまった場合には、「特定商取引に関する法律」によって、申込みを撤回（クーリング・オフ）することができます。
　ここでいう「キャッチセールス」とは、路上や駅前などで人を呼び止め、喫茶店といった営業所以外の場所に連れていき売買契約などを持ちかける商法を意味します。

2　クーリング・オフは、販売業者などから契約内容を明らかにする書面の交付を受けた日から８日間以内に、文書によって表明します。

136 クーリング・オフでエステ契約を解除する

契約解除通知書

私は、平成△△年△月△日に、貴店の営業担当者△△△△からの勧誘を受けてエステ契約(エレガント1年間コース)の申込みをしました。しかしながら、右契約内容については、同担当者の説明が誇大かつ不十分であり、契約後に送付された説明書などを詳細に検討した結果、化粧品の購入など、当初の説明以上の代金がかかることが判明しました。

従いまして、契約書の受領より5日間が経過しているだけなので、クーリング・オフにより、本書面によって申込みを撤回いたします。なお、すでに支払済みの代金〇〇万円については早急に返還していただくようお願い申し上げます。

平成〇〇年〇月〇日
　　〇〇県〇〇市〇〇町〇丁目〇番〇号
　　　　　　　　〇〇〇〇　印
〇〇県〇〇市〇〇町〇丁目〇番〇号
　　エステサロン〇〇
　　　〇〇支店長　〇〇〇〇　殿

アドバイス

1. クーリング・オフの制度は消費者保護のための制度です。原則として、契約書の交付を受けた日から起算して8日以内であれば、契約の解除または申込みの撤回ができます。
2. 契約の種類によっては、10日、14日、20日と、クーリング・オフの期間は伸長されています。
3. いつ書面を発信したかが重要となるため、必ず、証拠として残る内容証明郵便を利用しましょう。

137 商品の引渡しがないことを理由に割賦販売代金の支払いを拒絶する

通知書

　平成△△年△月△日、当方は、株式会社○○電気○○支店にて、商品「□□□」を購入しました。その際、□□□については2週間後の平成△△年△月▽日に宅配便によって拙宅に届けられることになり、また、代金については貴社との間において「割賦購入斡旋契約」を締結いたしました。ところが、平成△△年△月◇日に、株式会社○○電気が倒産し、□□□はいまだに当方に届けられてはいません。

　したがって、割賦販売法第30条ノ4によって、当方には、前記商品が引き渡されるまで、貴社に対して代金を支払う義務がないことを、ここに通知いたします。また、貴社から代金の支払請求があっても、当方としては、応じられないことも通知いたします。

　　　平成○○年○月○日
　　　　東京都板橋区○○△丁目△番△号
　　　　　　　　　　○○○○　印
　東京都中央区○○△丁目△番△号
　　　株式会社○○カード
　　　代表取締役　○○○○　殿

アドバイス

1　例えば商品をカードで購入した場合、商品の「売買契約」は販売業者（上記例でいう株式会社○○電気）との間で締結し、またカード会社（上記例でいう株式会社○○カード）との間で「割賦購入斡旋契約」を締結することとなります。このような場合でも割賦販売法第30条ノ4によって、割賦販売によって商品を購入した者は、販売業者がその商品の引渡しをしないことをもって、割賦購入斡旋業者に対して対抗（主張）することができます。

つまり、販売業者からの商品の引渡しがない限り、カード会社からの代金支払請求に応じる義務はないことになります。

2　販売業者が倒産したことが判明した時点で、できる限り早く内容証明郵便によって通知しておくことが、トラブルを未然に防ぐことにつながります。

138 買主が欠陥商品の修理・交換を請求する

通知書

当社は、平成△△年△月△日に、貴社の商品「□□□」を代金○○万円にて購入いたしました。

しかしながら、当方が前記商品を実際に使用してみたところ作動せず、使用目的は達せられないことが判明しました。

したがって、本書面が到達してから１週間以内に、当社が購入した同商品を修理するか、新しい完全な商品と交換されることを請求いたします。

なお、当社の本請求に応じていただけない場合には、契約を解除させていただきます。

平成○○年○月○日
　　東京都江東区○○△丁目△番△号
　　　　株式会社○○工業
　　　　代表取締役　○○○○　印
東京都品川区○○△丁目△番△号
　　株式会社○○機械
　　代表取締役　○○○○　殿

アドバイス

1　本例では、売買の目的物となっている商品が中古品ではなく、規格化された取替えのきく新品であることを前提としています。

2　欠陥商品については、欠陥部分の修理または完全な商品との交換を請求することができます。
　もし、代金が未払いであれば、修理か交換があるまで、その支払いを拒絶することができます。

3　なお、売主に何らかの過失があってそのために損害が発生した場合には、損害賠償を請求することができます。

139 買主が目的物の瑕疵（欠陥）を理由に契約を解除する

　　　　　　　　通知書

　当社は、平成△△年△月△日付で、貴社の販売する製品「□□□」を代金○○万円にて購入する売買契約を締結し、当該製品の引渡しを受けました。

　ところが、当社にて前記製品を設置して作動させてみたところ、電気系統に欠陥があるため、作動開始後１０分程度で停止してしまうことが判明しました。このような状態では、当社が同製品を購入した目的が達せられません。

　したがって、当社は、民法５７０条の規定に基づき、貴社との間の売買契約を解除することを本書面によって通知させていただきます。本書面到達後１週間以内に、支払済みの代金の返還と当該製品の引取りをされますよう、お願い申し上げます。

　　平成○○年○月○日
　　　　東京都江戸川区○○△丁目△番△号
　　　　　　○○産業株式会社
　　　　　　代表取締役　　○○○○　　印
　　東京都足立区○○△丁目△番△号
　　　　　　株式会社○○機工
　　　　　　代表取締役　　○○○○　　殿

アドバイス

1　本例で適用されている民法570条は、売買契約の売主の担保責任を規定しています。同条に基づいて契約の解除が認められる条件は、①売買の目的物に隠れた瑕疵（欠陥）があり、②そのために買主が売買の目的を達成できないこと、です。
　「隠れた」とは、通常の取引で要求される注意を払っても見つけることができないという意味です。「瑕疵」とは、その目的物が本来備えているべき性状を欠いていることです。

2　買主は、契約の解除のほか、契約にかかった費用や取付けにかかった費用などについて損害賠償を請求することができます。

140 送り付け商法の相手に商品の引取りを請求する

通知書

　平成△△年△月△日、当方宛に貴社より商品「□□□」が送付されてきました。また、その際に添付されていた書面によると、「返送されない場合には、購入契約を締結されたものとみなします」とのことでした。

　しかし、当方としては、前記商品について購入の申込みをしたこともなく、貴社に対して送付依頼をしたこともありません。

　従って、前記商品について当方としては購入の意思がまったくないことを、本書面によって明確に表示するとともに、早急に引き取られることを請求いたします。なお、お引取りなき場合には、当方において前記商品は廃棄させていただきます。

　　平成○○年○月○日
　　　　東京都板橋区○○△丁目△番地△号
　　　　　　　　　　　　　○○○○　印
　東京都目黒区○○△丁目△番地△号
　　　　株式会社○○興産
　　　　代表取締役　　○○○○　殿

アドバイス

1　よく悪質な業者が勝手に高額な商品を送りつけてきて、「返送されない場合には、購入契約を締結されたものとみなします」などと記載された文書が添付されています。
　しかし、売買契約の申込みをしていない以上、返送しなくても売買契約が成立することはありません。また、商品を返送すべき義務もありません。むしろ、送り主は、商品が送られた日から14日以内に商品を引き取らなければ、返還を請求できなくなります。

2　ただ、トラブルを防止するために、内容証明郵便によって購入意思のないことや商品の引取請求を明確にしておくのがよいでしょう。

141 利息制限法の制限利率を超える支払分について返還を請求する

通知書

当方は、平成△△年△月△日付にて、貴社と金銭消費貸借契約を締結し、金○○万円を受領しました。その契約内容は、期限が平成□□年□月□日、利率が年率２５％というものであり、ご承知のように当方は、支払期限に元本と利息を全額返済いたしました。

しかしながら、本金銭消費貸借の利率は利息制限法に違反しておりました。判例によりますと、同法所定の利率を超過する部分については、当方に返還請求権が発生しております。そのため、本書面が到達して後１週間以内に、超過分にあたる金○○万円を返還されるよう、ここに請求させていただきます。

なお、前記期間内に返還なき場合には、当方としては、法的措置を取る用意があることを念のため申し添えておきます。

平成○○年○月○日
　　　東京都北区○○△丁目△番地△号
　　　　　　　　　　　○○○○　印
東京都豊島区○○△丁目△番地△号
　　　株式会社○○ローン
　　　代表取締役　○○○○　殿

アドバイス

1　金銭を借りようとする者の窮迫した事情に乗じて、高額な利率で金銭消費貸借契約が締結されることを防ぐことが「利息制限法」の趣旨です。
　　同法に規定されている利率を超えた利息は、無効になります。
2　返済された金銭については、適法な利率に計算し直して、元本と利息に充当し、それでも余分に返済していた場合には、債務者は債権者に返還を請求することができる、とするのが判例です。
3　書面には、金銭消費貸借契約の内容と返済の事実、利息制限法に違反していること、超過支払分の金額などを記載します。

142 クーリング・オフでマルチ商法による契約を解除する

> 通知書
>
> 　当方は、平成△△年△月△日付にて、貴社の営業担当者○○○○の勧めにより、商品委託販売契約を貴社と締結しました。
>
> 　しかしながら、前記契約の内容はいわゆる「連鎖販売取引」に該当し、貴社の販売組織に加入した者が、一定の期限内に一定数の貴社商品の購入者を紹介した場合に限って一定の利益を受け取ることができる、とするものであります。
>
> 　したがって、当方としては「特定商取引に関する法律」の第40条に基づいて、貴社との間の右商品委託販売契約を解除することを、この書面にてご通知申し上げます。
>
> 　　平成○○年○月○日
> 　　　東京都小平市○○△丁目△番△号
> 　　　　　　　　　　○○○○　印
> 東京都新宿区○○△丁目△番△号
> 　　　株式会社○○物産
> 　　　代表取締役　　○○○○　殿

アドバイス

1　会社の販売系列に入会して、その会社の販売する商品を購入する者を紹介した場合に一定の利益を受け取ることができる、というシステムをとる商法があります。このような商法を「マルチ商法」といい、被害を未然に防止するために「特定商取引に関する法律」はその第40条で、契約内容を明らかにする書面を受け取った日から20日以内であれば、原則として自由に契約を解除（クーリング・オフ）することができると規定しています。

2　この20日以内という期間について、より短い期間を約款などで規定している業者もありますが、短い期間設定は法律的には無効です。

143 詐欺を理由に商品の購入契約を取り消す場合

通知書

　当方は、去る平成△△年△月△日に、貴社の営業担当者より、商品「□□□」を「△△社製」ということで、代金〇万円で購入しました。ところが、その後、当該商品は偽物であり、△△社製のものではないことが判明しました。

　そのため、当方と貴社との間の売買契約は詐欺によるものであって、当方としては、民法第96条第1項に基づいて、契約を取り消す旨の意思表示をさせていただきます。

　したがって、本書面到達後1週間以内に、当方が貴社に支払った代金〇万円の返還をされるようここに請求させていただきます。なお、前記期間内に誠意ある対応のない場合には、刑事および民事の法的措置を取る用意があることを申し添えます。

　　　平成〇〇年〇月〇日
　　　　　東京都杉並区〇〇〇△丁目△番△号
　　　　　　　　　　　　〇〇〇〇　印
　　　東京都新宿区〇〇〇△丁目△番△号
　　　　　〇〇商事有限会社
　　　　　代表取締役　〇〇〇〇　殿

アドバイス

1　ブランド品をブランド品として購入した売買契約で、その商品が偽物であった場合には詐欺にあたるので、民法96条1項によって、契約を取り消すことができます。
　もちろん、偽物の代わりに本物を請求することもできますが、相手の業者が悪質であれば本物との交換は期待できないので、契約を取り消すべきでしょう。
2　刑事上は、刑法246条1項の詐欺罪にあたるので、刑事告訴を視野に入れていることも記載すると効果的ですが、やりすぎると恐喝になりますので注意してください。

144 詐欺を理由に内職商法による契約を取り消す場合

　　　　　　　通知書

　当方は、平成△△年△月△日に、貴社との間で内職あっせん契約を締結しました。その契約内容は、当方が金〇〇万円の講習料を支払い、貴社の技術講習を修了すれば、1か月あたり最低〇万円分の内職をあっせんするというものでした。

　しかしながら、当方が技術講習を無事終了したにもかかわらず、その後3か月の間、内職のあっせんは一切ありませんでした。

　このような経緯に照らして、当方としては、当初より貴社には内職あっせんの意思はなかったものとみなし、前記契約は詐欺によるものと判断いたします。

　従いまして、民法第96条第1項に基づいて前記契約を取り消し、支払済みの講習料金〇〇万円については、ただちに当方に返還するよう請求いたします。なお、本書面到達より1週間以内に返還がない場合には、刑事および民事の法的措置を取る用意があります。

　平成〇〇年〇月〇日
　　　　東京都武蔵野市〇〇△丁目△番△号
　　　　　　　　　　　〇〇〇〇　印
東京都三鷹市〇〇△丁目△番△号
　　　有限会社〇〇企画
　　　代表取締役　〇〇〇〇　殿

アドバイス

1　本例のように、当初からそのつもりがないのに、仕事のあっせんをすると言いつつ、講習料、指導料、材料費、登録料といった名目で、金銭を相手方からだまし取る商法を「内職商法」といいます。
2　民事上は民法96条1項に基づいて詐欺を理由とする契約の取消ができます。
　また、刑事上は刑法246条1項の詐欺罪にあたるとして責任追及をすることもできます。
　民事上の責任と刑事上の責任は二者択一の関係ではないので、同時に追及することもできます。

第10章

交通事故・近隣トラブルにまつわる基本文例

145 交通事故の被害者が加害者に損害賠償を請求する

請求書

　去る平成○○年○月○日午後○時○○分頃、東京都豊島区○○△丁目△番地付近の路上にて、当方は普通乗用車に乗車して信号待ち中に、貴殿の運転する自家用車の追突を受けました。かかる事故は、貴殿のわき見運転によるものであり、当方は、胸部打撲などの傷害を負い、乗用車の損傷を受けました。

　従いまして、当方の下記損害につき、貴殿に対してその賠償を請求させていただきますので、お取り計らいのほどよろしくお願い申し上げます。

記

治療費	金○○万円
入院雑費	金○○万円
通院交通費	金○○万円
逸失利益	金○○万円
自動車修理費	金○○万円
慰謝料	金○○万円

平成××年×月×日
　　東京都板橋区○○△丁目△番△号
　　　　　　○○○○　印
　東京都板橋区○○△丁目△番△号
　　　　　　○○○○　殿

アドバイス

1　交通事故が発生すると、被害者は加害者に対して損害賠償を請求することができます。
　　通常、損害として認められるのは、治療費、入院雑費、通院交通費、損壊を受けた自動車の修理費、逸失利益、慰謝料などです。逸失利益とは、事故がなかったら得られたであろう収入のことです。

2　請求書には、事故の発生した時間、場所、原因などを必ず記載します。

3　なお、請求者にも過失があるケースでは、過失相殺（被害者の過失分を減額すること）の点で話し合いがつかない場合があります。その場合、裁判所の調停、訴訟などによって解決することになります。

146 交通事故の被害者が運行供用者に損害賠償を請求する

```
                請求書

　去る平成△△年△月△日午後△時△△分頃、東京都港区○○△丁目△番地付近の交差点にて、当方が横断歩道を横断中、貴社の従業員××××氏の運転する貴社所有の自動車に衝突されました。右事故は××××氏の居眠り運転によるものであって、当方は下記のとおり損害を受けました。

　従いまして、当方は右車両の運行供用者である貴社に対して、損害賠償を請求させていただきます。

                記
　治療費　　　　金○○万円
　入院雑費　　　金○○万円
　通院交通費　　金○○万円
　逸失利益　　　金○○万円
　慰謝料　　　　金○○万円


　平成○○年○月○日
　　東京都港区○○△丁目△番△号
　　　　　　　　　○○○○　印
　東京都新宿区○○△丁目△番△号
　　　株式会社○○運送
　　　　代表取締役　○○○○　殿
```

アドバイス

1　自動車損害賠償保障法に規定する「運行供用者」（その自動車の運行を支配し、運行による利益を得る者）は、たとえ自分自身が事故当時に自動車を運転していなくても、損害賠償責任を負わなければなりません。
　本例では、会社の従業員が会社の自動車を運転中に事故を起こしたケースで、被害者が運行供用者である会社に対して損害賠償を請求する文例です。

2　自動車損害賠償保障法に基づく運行供用者に対する損害賠償請求は、人身事故に限られますので注意してください。

147 交通事故の被害者が加害者の使用者に損害賠償を請求する

請求書

去る平成△△年△月△日午後△時△△分頃、東京都台東区○○△丁目△番地付近の交差点にて、当方が道路右端を通行中、貴社の従業員□□□□氏の運転する貴社所有の自動車に接触されました。右事故は□□□□氏の運転中の携帯電話使用による前方不注意に起因するものであって、当方は下記の損害を受けました。□□□□氏は、事故当時、貴社の運送業務に従事しておりました。

従いまして、当方は□□□□氏の使用者である貴社に対して、民法第715条第1項に基づき、下記損害の賠償を請求いたします。

本書面到達後7日以内に、○○銀行○○支店普通預金、口座番号×××××××、口座名義○○○○に振込みをお願いいたします。

記

治療費　　　金○○万円
逸失利益　　金○○万円
慰謝料　　　金○○万円

平成○○年○月○日
　　　東京都台東区○○△丁目△番△号
　　　　　　○○○○　印
東京都墨田区○○△丁目△番△号
　　　○○運輸株式会社
　　　代表取締役　○○○○　殿

アドバイス

1　たとえば、会社の従業員が勤務中に交通事故を起こした場合、直接の加害者である従業員に加えてその使用者（会社）に対しても、損害賠償を請求することが認められています。従業員に比べて資力があるので、使用者に対する請求を認めたほうが、被害者の救済に有効です。

2　ただ、従業員が私用で運転していた場合は、使用者に責任が発生しません。

事故当時、使用者の事業に従事していたことが条件です。書面には、そのことも必ず記載しておきます。

3　請求できるおもな損害賠償の内容としては、治療費、逸失利益、慰謝料があります。他に通院交通費などを入れてもよいでしょう。

148 示談後に発生した後遺症について加害者に話し合いを求める

通知書

　すでにご承知のように、平成△△年△月△日に貴殿から受けた追突事故については、当方の自動車の修理代などを含んだ、金○○万円の損害賠償を支払っていただくことで、平成□□年□月□日に示談が成立しました。

　しかしながら、今月に入ってから、めまいや頭痛がするようになってきたので、医師の診察を受けたところ、右事故に起因する頸椎捻挫の後遺症が発生していることが判明しました。

　右示談では、本後遺症に対する損害賠償は含まれておりませんので、治療費などの賠償について再度話し合いの場をもちたく存じております。つきましては、貴殿のご都合のよろしい日時を、ご指定いただきたくよろしくお願いいたします。

　平成○○年○月○日
　　　東京都世田谷区○○△丁目△番△号
　　　　　　　○○○○　印
東京都品川区○○△丁目△番△号
　　　　　○○○○　殿

アドバイス

1　示談とは法律的には「和解契約」を意味しています。和解は、当事者間の紛争をお互いが譲歩して解決し、以後相互に請求を行なわないという趣旨の契約です。
　そのため、示談が成立してからは、その紛争について新しい請求をすることは、原則として許されません。
2　ただ、後遺症など事故当時に発見できなかった損害については、それが発症した後に、例外的に損害賠償を請求することができます。
3　書面には後遺症について具体的に記載して、医師の診断書の写しを別便で送付するとよいでしょう。

149 製造物責任に基づく損害賠償を請求する

請求書

　当方は貴社が製造、販売する、大型テレビ□□（型番ＸＸ-△△△）を購入し使用しておりました。

　しかしながら、平成××年×月×日、同テレビを使用していたところ突然発火し、カーテンや壁に延焼するという事故が発生しました。同テレビの使用説明書には、かかる事態を注意する記載はなく、製造業者としての責任はまっとうされていないと考えます。

　ゆえに、貴社製品により受けた下記損害について、賠償を請求いたします。なお、本書面到達後2週間以内に誠意ある対応がない場合には、法的措置を取らせていただきます。

記
カーテン代金　金　〇万円
壁修理代金　　金〇〇万円
慰謝料　　　　金〇〇万円
テレビ代金　　金〇〇万円

平成〇〇年〇月〇日
　　東京都練馬区〇〇△丁目△番△号
　　　　　　　　　〇〇〇〇　印
東京都新宿区〇〇△丁目△番△号
　　株式会社〇〇電器
　　代表取締役　〇〇〇〇　殿

アドバイス

1　本来、不法行為によって損害を受けた被害者が損害賠償を請求する場合には、加害者に過失があることを証明しなければなりません。しかし、メーカーが高度な技術によって製造した製品については、消費者側でメーカーの過失を証明することは事実上困難です。
　そのため、「製造物責任法（ＰＬ法）」では、過失がなかったことの証明をメーカー側が負うとして、消費者の保護を図っています。

2　書面では、損害が発生した際の状況などを記載します。
　ＰＬ法のことは、メーカーは当然知っているので、法的措置を取る可能性があることを示唆しておくとより効果的でしょう。

150 メーカーが製造物責任を否定する場合

　　　　　　　　回答書

　平成○○年○月○日、貴殿より、当社製テレビ受像機（型番ＸＸ－△△△）の欠陥により損害を受けたとして、当社に対し損害賠償請求がなされました。

　しかしながら、当社が詳細に調査をしたところ、当該テレビ受像機には何ら欠陥がないことが判明しました。

　事故発生当時、関東地方は雷を伴う大荒れの天候で、東京２３区内では一部停電などもありました。本件事故は落雷による過電流が原因と思われます。

　従いまして、当社は右テレビ受像機について製造物責任を負うものではなく、貴殿からの損害賠償に応じることはできません。

　平成○○年○月○日
　　　　東京都新宿区○○△丁目△番△号
　　　　　株式会社○○電器
　　　　　代表取締役　○○○○　印
　東京都杉並区○○△丁目○番○号
　　　　　○○○○　殿

アドバイス

1　本例は製造物責任の追及を受けたメーカーが損害賠償請求を拒否する回答書です。
2　製造物責任は、製造物の欠陥により消費者が損害を被った場合に発生します。「欠陥」というのは、その製造物が通常有しているべき安全性を欠いていることをいいます。
　「欠陥」がなければメーカーの責任を問うことはできません。本例も、メーカーが「欠陥」のないことを主張して責任を否定するものです。

151 隣接する飲食店に騒音の防止を要求する

通知書

　貴殿は、当方に隣接する△△ビル2階において、パブ「□□□」を経営されています。ところが、上記店舗は深夜営業であり、深夜に至るまでカラオケなどによる大きな騒音が日常的に発生しております。そのため、住居が隣接する当方では、深夜になっても就寝することができず、家族一同睡眠不足に悩まされております。特に、当方の長女は精神的なダメージを受けて体調の不良を訴えるに至りました。

　従いまして、本書面到達後1週間以内に騒音防止策を講じられますよう、お願い申し上げます。なお、誠意ある対応がないときには、法的措置を取る用意があることも、念のため申し添えておきます。

　平成○○年○月○日
　　東京都板橋区○○△丁目△番△号
　　　　　　　　　○○○○　印
東京都板橋区○○△丁目△番△号
　パブ□□□こと　○○○○　殿

アドバイス

1　隣家からの騒音については、具体的にどの程度の騒音があれば不法行為となって被害者に損害賠償請求権が発生するのかは、難しい問題です。
　一般的に見て、社会生活を営んでいく上で隣人同士が我慢すべき程度の騒音であれば、違法とまではいえず不法行為とはなりません。これを「受忍限度論」といいます。
2　ただ、深夜に就寝ができない程度の騒音であれば、やはり問題となります。その場合は、被害の内容を具体的に記載しておきます。
　また、可能であれば後日の証拠として、騒音を録音しておくといいでしょう。

152 日照妨害を理由に損害賠償を請求する

　　　　　　　　　請求書

　このたび、貴殿は当方の住居の南側隣接地に〇階建て建物を建築されました。ところが、その結果、当方の住居敷地内には明け方から午後4時に至るまで、日照が遮られるという事態が発生しました。そのため、生活上および健康上大変な不利益を被ることとなりました。

　貴殿の建物建築は、当方に対し受忍の限度を超える損害を生じさせております。したがいまして、損害賠償として金〇〇〇万円を請求させていただきます。

平成〇〇年〇月〇日
　　東京都文京区〇〇△丁目△番△号
　　　　　　〇〇〇〇　印
東京都文京区〇〇△丁目△番△号
　　　　　　〇〇〇〇　殿

アドバイス

1　日照妨害については、一度建物が完成してからでは、原状回復という請求はなかなか実現できません。ですから、できれば建築計画中か建築の開始当初の段階で、工事差止請求の内容証明郵便を送付しておくのが良策といえます。
2　日照妨害については、「建築基準法」による建築制限違反や各地方自治体の制定した条例違反が考えられます。違反が判明すれば、その点を具体的に書面で指摘するとよいでしょう。また、書面を送付する前に、役所の担当窓口に相談してもよいでしょう。

153 他人から根拠のない噂を立てられていることに中止を求める請求

請求書

　昨今、私に関して根も葉もない噂をあなたに立てられ、非常に困惑しております。噂の内容は、私が主人のある身でありながら、その留守中に若い男性を家に引き入れて不倫をしているというものであります。学校のＰＴＡの会合や町会の行事の際に、あなたが不特定多数の人々に対してこのような噂を広めているため、私の名誉が侵害されている状況です。あなたの話すような事実はまったくなく、主人の留守中に出入りしている男性は私の弟であります。

　本書面が到達しだい右行為を中止していただくよう、ここに請求いたします。もし、誠意ある対応がない場合には、私としても法的措置を取ることになる点、念のため申し添えておきます。

　　　平成○○年○月○日
　　　　○○県○○市○○町○丁目○番○号
　　　　　　　　　○○○○　印
　　○○県○○市○○町○丁目○番○号
　　　　　　　　　○○○○　殿

アドバイス

1　根も葉もない噂を立てるといっても、井戸端会議のレベルから、刑法上の名誉毀損罪に該当するレベルのものまであります。通常の井戸端会議レベルのものであれば違法性もなく不法行為にはなりませんが、エスカレートする危険性もあるので、止めてほしい旨を伝えてもよいでしょう。ただ、最初のうちは、内容証明郵便は使用せず、口頭で伝えるか、通常の信書を使用したほうが無難です。

2　本例では、かなり違法性が高いケースを想定しています。ポイントは、①真実に反すること、②不特定多数人に対して表現されていること、③客観的に見て社会的評価が低下させていること、です。
　できる限り具体的な事実を記載しておくべきです。また、誤解から発生しているようなら、その原因となっている事実も記載しておくとよいでしょう。

154 看板の落下事故による損害賠償を請求する

　　　　　　　　請求書

　当方は去る平成△△年△月△日の午後△時頃、貴殿が所有し占有する「第一□□ビル」の前の歩道を通行していたところ、右建物に設置されていた看板が落下してきて衝突したため、全治１か月の負傷をしました。

　この損害は、貴殿が所有者であり占有者でもある右建物の設置または保存に瑕疵があるために発生したものです。それゆえ、民法第７１７条第１項に基づいて、下記損害額につき、貴殿に対して損害賠償を請求させていただきます。

　　　　　　　　　記
　　治療費　　　　　金○○万円
　　入院雑費　　　　金○○万円
　　通院交通費　　　金○○万円
　　逸失利益　　　　金○○万円
　　慰謝料　　　　　金○○万円

　　平成○○年○月○日
　　　東京都豊島区○○△丁目△番△号
　　　　　　　　○○○○　印
　　東京都豊島区○○△丁目△番△号
　　　　　　　　○○○○　殿

アドバイス

1　建物をはじめとした土地の工作物の設置や保存に欠陥があったため、それにより他人に損害を与えた場合には、その工作物の占有者または所有者は損害賠償責任を負います。
　この欠陥自体について、占有者や所有者に過失があることは必要ありません。
2　ただ、占有者が工作物の管理について注意を尽くしていた場合には、損害賠償責任を免れます。その場合には、工作物の所有者が損害賠償責任を負うことになります。所有者が免責されることはありません。工作物の所有者と占有者が異なる場合（ビルの管理を管理会社が請け負っている場合など）には、その点に注意してください。

155 ビル建設工事の中止と騒音・振動被害に対する損害賠償を請求する

　　　　　　　通知書

　貴社は平成××年×月×日以降、東京都大田区○○△丁目△番△号において、商業ビルを建設しております。

　ところが、右建設の基礎工事が始まるとともに、近隣に対して深夜遅くまで騒音や振動が発生するようになりました。そのため、私たち近隣住民は安眠を妨げられて、中にはストレスから体調を崩す者まで出てきました。

　私たちは、貴社に対して、先日来、口頭にて繰り返し事態の改善を求めてまいりましたが、いっこうに誠意ある態度が見られません。そこで、私たち近隣住民は貴社に対して、本書面をもって、午後7時以降の工事の中止とこれまでの生活妨害に対する損害賠償として総額金○○万円を請求いたします。

　なお、本書面到達から1週間以内に誠意ある対応がない場合には、私たちは一致結束して法的措置に出る旨を申し添えておきます。

　平成○○年○月○日
　　　東京都江東区○○△丁目△番△号
　　　　　住民代表者　○○○○　印
　東京都江東区○○△丁目△番△号
　　　　　株式会社○○開発
　　　　　代表取締役　○○○○　殿

アドバイス

1. マンションをはじめとするビル建設では、多かれ少なかれ騒音や振動が発生します。社会常識に照らして我慢できる程度であれば、不法行為による損害賠償の対象とはなりませんが、それを超えていれば慰謝料などの請求権が発生します。
2. ビル建設にともなう騒音・振動は、複数の近隣住民に対して損害を及ぼすものです。近隣住民同士で協力して、工事の差止請求と損害賠償請求をしたほうが相手方に対しては圧力となるでしょう。

　内容証明郵便は、連名で出すか代表者名で出すとよいでしょう。

156 迷惑駐車の中止を請求する

警告書

　当方は、東京都足立区○○△丁目△番△号で製造業を営んでおります。当方の業務上、頻繁に運送用の大型車両が敷地を出入りしております。

　しかしながら、当方の敷地の出入口前の公道には、貴殿の乗用車が常時違法駐車されており、当方の出入りの妨げとなっております。

　つきましては、かかる違法駐車をお止めになっていただくよう、本書面によって請求させていただきます。なお、本書面到達にもかかわらず、貴殿の誠意ある対応がない場合には、当方としては法的措置を取る用意があることを申し添えます。

平成○○年○月○日
　　東京都中央区○○△丁目△番△号
　　　　　　　　　○○○○　印
東京都中央区○○△丁目△番△号
　　　　　　　　　○○○○　殿

アドバイス

1　最近の都市部では、違法駐車が問題となっています。違法駐車は単に法律に違反しているだけではなく、通行人や通行車両にとって交通事故の原因となる危険性があります。
　そのため、できるだけ早期に解決するべきですが、いきなり内容証明郵便を送付するのではなく、最初は口頭や普通郵便で警告をするのがよいでしょう。また違法駐車をしている車両に伝言の用紙を貼って苦情を訴えることも効果的です。

2　違法駐車は道路交通法違反となりますので、最寄りの警察署に相談するのもよいでしょう。

157 境界を越えて伸びてきた枝の切り取りを請求する

請求書

拝啓　晩秋の候、ますます御健勝のこととお慶び申し上げます。

　このたび本書面をお送りさせていただいたのは、△△市△△町△丁目所在の貴殿所有土地のクスノキのことであります。右樹木の枝が境界を越えて、隣接する私の所有地に広がってきております。そのため、害虫、落ち葉などが私の所有地内に落ちてきており、清掃等に手間を要する状況に至っております。

　つきましては、誠に恐縮ではありますが、越境部分の枝を切除していただきたく、何卒よろしくお願いいたします。

敬具

　平成○○年○月○日
　　　○○県○○市○○町○丁目○番○号
　　　　　　　○○○○　印
　○○県○○市○○町○丁目○番○号
　　　　　　　○○○○　殿

アドバイス

1　隣接地の樹木の枝が所有地内に越境してきている場合には、勝手に切除することはできません。原則として、樹木の所有者に切除してもらうことになります。

2　法律上の根拠は、民法233条1項ですが、根拠条文を記載するかどうかは、相手方との関係などから適宜判断してください。

3　書面では、具体的にどのような不都合が生じているのかを記載すると説得的になります。ただ、隣人が相手であることもあり、感情的にならずに、丁寧な表現を心がけましょう。

4　なお、樹木の根が越境してきた場合は、法律上は隣接地の所有者の手で切除することができます（民法233条2項）。しかし、その場合でも、事前に相手に通知をしておくのが無難です。

158 マンションの区分所有者に管理費の滞納分を請求する

　　　　　　　　請求書

　すでにご承知のように、当〇〇マンションでは管理規約により、毎月末日限りで管理費〇万円を管理組合に納めることになっております。

　しかしながら、貴殿におかれましては、平成〇〇年〇月分から同〇月分までの管理費、総額〇〇万円が現在未納となっております。

　従いまして、本書面到達から1週間以内に右未納分管理費をお支払いいただくよう、よろしくお願い申し上げます。

　平成〇〇年〇月〇日
　　　東京都荒川区〇〇△丁目△番△号
　　　　　　〇〇マンション管理組合
　　　　　　　理事長　〇〇〇〇　印
　東京都荒川区〇〇△丁目△番△号
　　　　〇〇マンション〇〇〇号
　　　　　　〇〇〇〇　殿

アドバイス

1　マンションなどの区分所有建物では、玄関ホールやエレベーター・廊下などの共用部分を維持・管理するための管理費を、区分所有者で分担して負担することになっています。管理費の徴収・管理は管理組合が行ないます。
2　マンションが売却され所有権が移転した場合、滞納管理費はその買主に対しても請求することができます。

159 加害者の親にいじめの防止を求める

通知書

拝啓
　このたび本書面をもってご通知させていたいたのは、貴殿のご子息である××君の愚息○○に対するいじめの件です。以前より、何度か口頭にて抗議させていただいておりますが、上記いじめはいっこうに収まりません。××君は仲間である△△△△君や□□□□君とともに、○○の所持品を隠したり、暴行を加えるといった行為を繰り返しております。先日、担任の▽▽▽▽先生に相談したところ、先生のほうから××君らに対してご注意をしていただきましたが、いじめは沈静化していないようです。
　どうか貴殿におかれましては、××君の保護者として厳重なるご指導をしていただきますよう、よろしくお願い申し上げます。なお、今後もいじめが継続するようでしたら、当方としても○○の学習環境維持のため、それなりの手段を講じさせていただく所存です。
　　　　　　　　　　　　　　　　　敬具

平成○○年○月○日
　　　東京都葛飾区○○△丁目△番△号
　　　　　　　　　　○○○○　印
東京都葛飾区○○△丁目△番△号
　　　　　　　　　　○○○○　殿

アドバイス

1　いじめについては、なかなか親の介入が難しいものですが、エスカレートすると不登校、情緒障害といった弊害も生じますし、ひどいときには自殺にまで子供が追い詰められる危険性すらあります。
　ただ、いきなり内容証明郵便を送付するのでは、かえって相手の親の態度を硬化させるので、何回かは口頭で善処を申し入れるべきでしょう。

2　内容証明郵便を用いても、はじめから損害賠償を請求したりせず、相手の子供への指導を申し入れる程度にしておきます。また、担任の教師や学校とも一緒に問題を解決するという姿勢を示しておくとよいでしょう。

160 医療過誤に対して病院に損害賠償を請求する

請求書

　ご承知のように、私は、平成××年×月×日から同△月△日にかけて、貴□□病院にて□□□□医師の診療を受けました。同医師の診断では、当方は××××という病名であるとのことでした。

　しかし、同医師の診療によっても当方の症状が回復しないため、○○大学付属病院にて診察してもらったところ、当方の真の病名は××××ではなく○○○○であることが判明し、即日同病院に入院し手術を受けました。同病院の△△△△医師によると、□□□□医師の診療は明らかな医療過誤であり、適切な診断をしていれば、これほどの大事には至らなかったとのことです。そこで、当方としては、□□□□医師の使用者である貴殿に対して、民法第715条第1項に基づいてその後かかった治療費および慰謝料の総額金○○○万円を請求させていただきます。

　　平成○○年○月○日
　　　　東京都港区○○△丁目△番△号
　　　　　　　　　　○○○○　印
　　東京都中野区○○△丁目△番△号
　　　　□□病院
　　　　理事長　◇◇◇◇　殿

アドバイス

1　医師と患者の関係は、医療行為を依頼するという一種の契約関係となります。そのため、医療過誤は一種の債務不履行として損害賠償の対象になります。それと同時に医療過誤は不法行為ともなります。直接診療を担当した医師の所属する医療法人は、民法715条1項による使用者責任を負うことになります。

2　医療過誤による損害賠償責任を追及する場合には、他の医療機関で診断書を作成してもらっておくことが必要です。

3　医療過誤責任を追及する場合には、事前に弁護士と相談して、カルテなどの病院側にある証拠を保全しておきます。

編著者略歴

深井麻里（ふかい　まり）
弁護士（東京弁護士会所属）。1973年東京都生まれ。1996年上智大学法学部国際関係法学科卒業。2000年4月弁護士登録。新銀座法律事務所入所。2001年1月中島・宮本法律事務所（現、中島・宮本・畑中法律事務所）入所。
著書として、『離婚を考える人のための法律知識』（共著・同文舘出版）、『アルバイト雇用の法律相談―すぐに役立つQ&A』（共著・弘文堂）などがある。

梅原ゆかり（うめはら　ゆかり）
弁護士（第二東京弁護士会所属）。1973年栃木県生まれ。1996年早稲田大学法学部卒業。1999年早稲田大学大学院卒業。2000年10月弁護士登録。牛島法律事務所入所。2001年8月中島・宮本・畑中法律事務所入所。
著書として、『離婚を考える人のための法律知識』（共著・同文舘出版）がある。

内容証明郵便の書き方とケース別文例160

平成17年4月15日　初版発行

編著者　——　深井麻里・梅原ゆかり

発行者　——　中島治久

発行所　——　同文舘出版株式会社
　　　　　　　東京都千代田区神田神保町1-41　〒101-0051
　　　　　　　電話　営業03（3294）1801　編集03（3294）1803
　　　　　　　振替00100-8-42935

©M. Fukai／Y.Umehara　ISBN4-495-56761-6
印刷／製本：東洋経済印刷　Printed in Japan 2005

仕事・生き方・情報を　DO BOOKS　サポートするシリーズ

あなたのやる気に1冊の自己投資！

泣き寝入りしないための
交通事故をめぐる法律知識

相手方と、対等かつ納得のいく示談交渉をするために

藤田　裕 編著／**本体 1,600円**

法律に関する知識がない人でも、相手方とうまく交渉を進めていくための、必要最低限の法律知識をわかりやすく解説する

契約書の書式文例77

作成頻度の高い77の契約書式を、そのまま使える形で紹介する

石井逸郎 編著／**本体 2,600円**

物品売買契約書、フランチャイズ契約書、雇用契約書など、ビジネスの現場で頻繁に活用される契約書、通知書の書き方がわかる！

少額訴訟・本人訴訟の
起こし方とトラブル解決法

もし訴訟になった場合、これだけは知っておきたい基礎知識

北河隆之 編著／**本体 1,600円**

おもに簡易裁判所で扱う金銭の支払いに関する典型的なケースを選び、訴状をケースごとに掲載！　訴訟のやり方を具体的に解説

同文舘出版

本体価格に消費税は含まれておりません。